CONFÉRENCES AGRICOLES.

COMICE DU CANTON DE MONTSALVY.

CONFÉRENCES
AGRICOLES

Par M. DELMAS, C. ✱,

Président du Comice.

AURILLAC,

IMPRIMERIE DE L. BONNET-PICUT.

Décembre 1874.

Boussaroc, 26 décembre 1874.

A Monsieur

membre du Comice agricole à

Monsieur,

Lorsque notre Comice a voulu donner une plus vive impulsion aux progrès agricoles dans ce canton, il m'a autorisé à y appeler tous les propriétaires ou fermiers de notre circonscription qui s'occupent avec intelligence et succès de la culture de leurs domaines.

Cet appel a été entendu : immédiatement le nombre trop restreint des membres du Comice a été plus que doublé, et on est venu à nos réunions avec un empressement dont j'aurais voulu profiter pour vous inviter à des conférences où nous aurions agité ensemble les questions qui intéressent plus particulièrement l'agriculture de notre canton.

Mais nous sommes disséminés sur la vaste étendue de quatorze communes, fort loin les uns des autres, et retenus souvent par les exigences de notre culture. Pour ne pas vous en distraire, j'ai pensé à vous adresser écrites les communications que j'au-

rais voulu, pour ma part, vous faire verbalement. Mon âge, ma longue pratique, commencée avant que j'aie été appelé à remplir des fonctions publiques qui ne l'ont pas complétement interrompue, et reprise ensuite avec plus d'ardeur, et par dessus tout la position que vous avez bien voulu me faire parmi vous, m'autorisent à vous donner quelques conseils; ils ne perdront rien à aller vous trouver à votre foyer et à être lus à vos moments de loisir. Ils seront inutiles pour plusieurs d'entre vous qui font peut-être mieux, mais s'ils peuvent servir à quelques-uns j'aurai atteint mon but, et dans tous les cas vous n'y verrez, les uns et les autres, que le désir d'être utile à mes bons voisins.

Le Président du Comice,

DELMAS,

Ancien Préfet, Commandeur de la **Légion-d'Honneur**
et de l'Ordre de Charles **III d'Espagne.**

Comice du canton de Montsalvy

CONFÉRENCES AGRICOLES

POURQUOI ET POUR QUI CES CONFÉRENCES

Les cultivateurs lisent peu, bien qu'aujourd'hui ils sachent tous lire; mais beaucoup le savent si imparfaitement que la lecture est pour eux une fatigue ajoutée à tant d'autres : ceux pour qui c'est une distraction la cherchent rarement dans des livres d'agriculture qui, en général, sont peu attrayants.

Ce n'est pas que nous n'ayons de bons ouvrages sur le *Mesnage des champs*, suivant le titre d'un des plus anciens et des meilleurs, mais les traités et les journaux d'agriculture font souvent une trop large part à la théorie, et s'ils descendent à la pratique, c'est celle d'une agriculture riche et savante. S'adressant au plus grand nombre des lecteurs, ils traitent les questions d'une manière générale pour toutes les conditions et pour tous les lieux. Nos paysans ne voudraient trouver dans les traités de culture qu'on met sous leur main, que ce qui peut les intéresser plus spécialement, ce qui convient à leur sol, à leur climat, à leur exploitation; et ne le trouvant pas immédiatement, ils ne prennent pas la peine de le chercher au milieu de détails qu'ils jugent sans application pour eux : ils ferment le livre sans aller plus loin.

C'est là, sans doute, la cause du peu d'empressement que nos cultivateurs mettent à s'instruire. Ils trouvent que les traités d'agriculture sont trop savants pour eux, et il faut bien convenir qu'ils n'ont pas toujours tort.

Ils accueilleraient sans doute avec moins d'indifférence des ouvrages plus simples, plus modestes, qui seraient faits pour eux et par conséquent plus à leur portée.

Il serait bon que chaque contrée, séparée de celles qui l'entourent par des conditions géologiques, climatériques, ou économiques différentes, qui doivent nécessairement modifier son industrie agricole, eût des guides spéciaux, des espèces d'almanachs ou de catéchismes agricoles, ne s'appliquant qu'aux cultures spéciales de ce coin de terre. Des publications ainsi localisées seraient sans doute bien multipliées ; mais elles auraient une inconstestable utilité.

C'est dans cet ordre d'idées que je publie ces conférences agricoles, qui n'ont d'autre prétention que d'être entendues des agriculteurs d'un des cantons les plus pauvres et les plus déshérités de la Haute-Auvergne. Peut-être, cependant, pourraient-elles s'appliquer à quelques autres cantons placés dans des situations semblables.

Mais quelque rétréci que soit le cadre dans lequel je veux me renfermer, il faut que je le réduise encore; car je ne puis y faire entrer toute la culture d'un canton qui a des aptitudes et des aspects si divers.

Cette contrée montagneuse, profondément ravinée

par un grand nombre de cours d'eau qui deviennent parfois des torrents, atteint sur les hauts plateaux plus de 800 mètres d'altitude, s'abaisse graduellement et rapidement vers le Lot, et n'est plus, lorsqu'elle l'atteint, qu'à 200 mètres au-dessus du niveau de la mer : de là une grande diversité dans le climat, dans la nature du sol et dans ses produits.

Tandis que sur les hauteurs on ne cultive que du seigle, ou des plantes qui résistent à la longueur et à la rigueur de l'hiver de nos montagnes, à mesure que l'on s'abaisse, et suivant les expositions, les abris et le climat, on trouve les arbres fruitiers, le châtaignier, le noyer, même la vigne et les primeurs.

Parcourir tous les degrés de cette échelle mènerait trop loin. Je ne veux parler que des cultures qui dominent, qui sont les plus générales et les plus usuelles, et je ne m'adresse qu'à cette classe, si intéressante à tant de titres, des propriétaires dirigeant par eux-mêmes la culture de leur domaine, souvent y mettant la main, ou aux fermiers, ou métayers auxquels ils en remettent l'exploitation.

C'est au milieu d'eux que je suis né, et que je suis venu, cinquante ans plus tard, me reposer des fatigues et des agitations d'une existence laborieuse, en donnant à la gestion directe, et à l'améliration du domaine patrimonial, ce que la vie publique m'a laissé de force et d'activité.

Appelé par le choix des membres du comice agricole du canton de Montsalvy à l'honneur de les présider, je m'autorise de cette marque de confiance pour m'entretenir avec eux de ce qui fait l'objet de nos communes préoccupations et de nos travaux, et pour appeler leur attention sur les améliorations que nous pouvons réaliser.

Je connais leurs habitudes, leurs moyens, leurs ressources; je sais ce qu'on peut attendre d'eux, et ne leur demanderai rien au-delà. Je ne les effrayerai pas par des innovations qui leur sembleraient hasardeuses, ou de modifications trop radicales à leur pratique, à laquelle ils tiennent avec un attachement qu'on appelle dédaigneusement *routine*, mais dont il ne faut pas s'étonner, car la routine c'est l'expérience des générations auxquelles nous succédons. Si l'on se reporte à l'ancien état de choses, on reconnaît qu'elle a eu sa raison d'être, et il ne faut pas la traiter trop légèrement. L'obstination du paysan à suivre la marche que lui a tracée son père, c'est au fonds de la prudence. Ne retirant souvent de son champ que le strict nécessaire, il ne veut pas risquer, par des changements ou des innovations, la récolte sur laquelle il compte pour nourrir sa famille. Il ne faut pas l'en blâmer, mais chercher à le convaincre : il est vrai que ce n'est pas facile. Le raisonnement a peu de prise sur son esprit. Il écoute passivement, avec doute et méfiance, les conseils qu'on lui donne, mais il suit avec intérêt ce qu'il voit pratiquer par des voisins moins stationnaires. Comme Thomas, il veut voir et toucher; et, alors même qu'il peut constater de ses yeux un bon résultat, il ne l'admet que lorsqu'il a la sanction du temps. Aussi, je ne hasarde quelques conseils qu'en les appuyant presque toujours sur mon expérience personnelle, prêt à en montrer l'application sur le terrain. J'engage donc les membres du comice agricole de mon canton, à qui je m'adresse plus spécialement, à venir constater dans mon exploitation les résultats des pratiques que je leur recommande; ils jugeront, par eux-mêmes, de celles qu'ils pourront introduire dans leurs cultures. Je ne leur conseillerai aujourd'hui que ce qui est d'une exécution facile et sûre; que ce qu'ils peuvent faire par eux-mêmes, ou par les gens et les attelages de leur ferme, et presque sans frais. Mais sans vouloir aller trop vite, et même en procédant avec une prudente lenteur, le cultivateur qui veut entrer dans la voie des améliorations doit porter son attention et son esprit de progrès sur toutes les branches de l'économie rurale, pour qu'aucune ne reste en arrière. Dans une ferme bien conduite, tout doit marcher du même pas vers un but unique, celui d'obtenir couramment, et sans compromettre l'avenir, le revenu net le plus élevé. Tous les éléments de la production doivent y concourir également, car ils sont solidaires les uns des autres; ainsi, pour avoir de meilleures récoltes, il faut plus de fumier; pour avoir plus de fumier, il faut plus de bétail, pour avoir plus de bétail, il faut plus de fourrage, et pour avoir plus de fourrage, il faut revenir au fumier.

Une exploitation agricole est une chaîne sans fin dont aucun anneau ne peut être négligé ou rompu, sans que tout souffre ou s'arrête.

Je vais suivre rapidement les anneaux de cette chaîne, pour examiner si quelques uns ne sont pas défectueux, et s'il ne serait pas possible d'en obtenir un meilleur fonctionnement.

PROGRÈS DÉJA RÉALISÉS.

Mais avant de chercher ce que notre agriculture laisse à désirer, et de montrer combien nous sommes arriérés, j'éprouve le besoin de constater de véritables progrès obtenus depuis quelques années.

Je date, hélas ! du dernier siècle, et mes souvenirs peuvent remonter loin.

J'ai vu cette contrée pauvre et misérable, épuisée par l'usure et par la conscription ; les paysans, fort peu instruits, mal logés, mal vêtus, mal nourris, cultivaient péniblement, et sans grand profit, une terre ingrate et fatiguée.

Aujourd'hui, l'instruction se répand, la culture est mieux entendue, plus soignée, plus productive, et l'aisance arrive.

Au lieu du misérable réduit où toute la famille était entassée, et qu'elle partageait parfois avec quelques animaux domestiques (1), nos campagnards ont aujourd'hui une demeure convenable, quoiqu'elle ne soit pas toujours suffisamment éclairée et aérée. On trouve souvent une seconde pièce (la chambre)

(1) Le paysan pauvre n'a qu'une chaumière dont l'unique pièce sert de cuisine, de salle à manger, de chambre à coucher et quelquefois d'étable. — M. H. Durif, *Guide du Voyageur dans le Cantal*, p. 78.

à côté de la cuisine, et il n'est pas rare de voir des maisons de paysans élevées d'un premier étage.

La tenue et le mobilier de cette demeure laissent encore à désirer, mais il y a plus d'ordre et de propreté.

La nourriture est toujours très-frugale, mais elle est moins maigre et moins parcimonieuse.

Le grenier tient en réserve le grain nécessaire jusqu'à la prochaine récolte; la prévoyance va quelquefois au-delà. Ce qu'on a de trop, on n'est plus pressé de le vendre, on peut attendre le moment favorable. La ménagère engraisse à point et fait saler son cochon; elle enserre avec soin ses légumes et ses provisions, elle a du sucre et quelquefois du café dans son armoire, et il n'est plus rare qu'il y ait dans la cave du vin pour les plus rudes travaux, ou pour recevoir les parents et les amis.

Les vêtements des habitants de nos campagnes sont moins grossiers, leur linge est plus propre, leurs enfants sont mieux peignés, et ils vont à peu près tous à l'école.

Peut-être pourrait-on craindre qu'un peu de luxe gagne les jeunes filles; mais, comme on aimerait à voir les femmes de la ferme cultiver dans leur jardin ou autour de leur maison, quelques fleurs communes, il ne faut pas les blâmer d'en mettre d'artificielles dans leurs coiffures, d'autant plus qu'elles ne se mettent en frais de toilette que les dimanches et les jours de fête.

Le paysan auvergnat, qui comprenait peu le français, tient encore à son patois, mais il entend le français et le parle au besoin.

Les procès entre voisins sont moins fréquents, et il y a aussi beaucoup moins de délits ruraux ou de contraventions de police.

Le bétail était maigre et chétif; il n'appartenait pas toujours au propriétaire de la ferme, et il y avait bon nombre de baux à cheptel; s'il y en a encore ils sont fort rares. L'espèce des bêtes à cornes et celle des bêtes à laine se sont notablement améliorées. La valeur des cheptels, qui garnissent les domaines, a doublé en trente ans, et leur rendement a suivi la même proportion.

Les terres sont en général mieux travaillées; quelques défrichements bien entendus ont notablement accru la surface arable; les eaux sont mieux utilisées; on a agrandi et on soigne mieux les prés; les clôtures sont mieux entretenues, et par conséquent les récoltes moins endommagées.

On commence à voir quelques chaulages, et on essaye timidement le trèfle.

M. L. de Lavergne avait pu dire avec raison que cette contrée *était restée impénétrable et inabordable* (1). J'ai vu le temps où, il n'y avait dans ce canton ni route nationale, ni route départementale. Il est traversé aujourd'hui par deux de ces voies de communication qui lui permettent d'aborder quelques centres de population et un chemin de fer.

Les heureux effets de la loi de 1836, sur les chemins vicinaux se sont fait longtemps attendre (2).

(1) *Economie rurale de la France*, p. 351.

(2) Cette loi, qui a transformé la France, l'agriculture lui doit la plupart des progrès qu'elle a faits depuis 25 ans. *Économie rurale de la France*, p. 442.

Pendant plus de trente ans les prestations en nature et les centimes communaux ont été gaspillés sans direction, sans surveillance, sans aucune vue d'ensemble; mais enfin on paraît s'occuper de nos chemins vicinaux, la population rurale en comprend mieux l'importance. Les ressources des communes, les subventions du département et celles de l'Etat sont mieux employées. Le seul chemin de grande communication qui traverse le canton, et qui a été voté il y a trente-six ans, sera peut-être terminé l'année prochaine. Nous pourrons bientôt circuler de commune à commune, et nos produits pourront, sans trop de peine, arriver sur les marchés.

Une aisance relative remplace la gêne et les dettes; aussi n'y a-t-il plus au chef-lieu, ces banquiers de bas étage qui, spéculant sur la détresse des paysans, leur faisaient payer des intérêts usuraires, achetaient les récoltes sur pied, ou le vin et le blé longtemps avant qu'ils ne fussent récoltés. Ces honteuses spéculations ne trouveraient plus de clients, et les expropriations, alors très-fréquentes, sont maintenant fort rares.

Il y a donc dans ce canton progrès matériel en même temps qu'amélioration morale, et après l'avoir constaté avec une grande satisfaction, je me sens plus à l'aise pour me permettre quelques critiques et indiquer au moins une partie de ce qui nous reste à faire.

RÉGIME DE LA PROPRIÉTÉ ET DE LA CULTURE

EXPLOITATION PAR LE PROPRIÉTAIRE, PAR DES MÉTAYERS, PAR DES FERMIERS.

Le mode d'exploitation d'une contrée a été primitivement basé sur sa situation, son climat, l'aptitude de son sol, et aussi sur les mœurs, les habitudes et les ressources de ses habitants. Il n'y a, dans notre canton, ni grandes fortunes, ni grandes propriétés. La terre est partagée en exploitations rurales d'inégale grandeur, mais toutes taillées sur le même patron, et qui semblent mesurées à ce que peut cultiver une famille. Cette répartition du sol arable s'accorde parfaitement avec la vie patriarcale, qui heureusement n'a pas encore disparu de nos campagnes. Il n'est pas rare de voir, groupés autour du même foyer, les vieux parents, leurs enfants et leurs petits enfants; et ce sont ces familles, restant unies dans une communauté d'intérêts comme d'affection, qui cultivent des domaines en rapport avec le nombre et la force des membres qui les composent.

En dehors de ces fermes, occupant une famille entière, et lui donnant à vivre, il y a bien quelques parcelles de terre, d'une moindre étendue, entourant une pauvre cabane où s'abrite une famille qui vit de peu, et qui accepte souvent quelques privations pour garder son indépendance, et pour la satisfaction d'habiter sa propre maison ; mais ce n'est là qu'une exception, et ce qui domine, ce sont les fermes de 10 à 100 hectares, le plus grand nombre est dans la moyenne entre ces deux extrêmes.

Bon nombre de ces fermes sont cultivées, depuis plusieurs générations, par les propriétaires ; d'autres sont exploitées par des colons à moitié fruits, et un petit nombre par des fermiers.

On peut dire avec le poëte latin : *heureux, très-heureux, s'ils apprécient leur bonheur, ceux qui cultivent leurs terres,* il n'est pas de condition plus indépendante, plus sûre et plus heureuse que celle d'un père de famille qui, entouré des siens, donne son temps, son intelligence et ses soins à la culture du domaine qu'il a reçu de son père, et qui n'a d'autre ambition que de le transmettre à ses enfants amélioré et quelquefois agrandi. Dans ces paisibles familles, les principes d'ordre, de probité, de moralité se sont transmis, de temps immémorial, de père en fils. Tout comme autrefois, le chef de la famille porte gaillardement et sans broncher, le poids de ses multiples occupations du dehors ; la mère, aidée de ses filles, a le gouvernement de l'intérieur, de la laiterie, de la basse-cour et même du jardin ; les fils, suivant leur âge et leur force, aident leur père et reçoivent de lui l'exemple et l'habitude du travail. Une honnête aisance est le fruit du labeur de tous.

Mais si, pour une cause ou pour une autre, le propriétaire d'une ferme ne trouve plus ses aides de culture, dans sa propre famille, s'il est obligé de recourir à des bras étrangers, les conditions changent radicalement.

La rareté de de la main-d'œuvre, suite de l'émigration, les exigeances toujours croissantes des valets de ferme, dont l'activité et la docilité ne suivent pas, tant s'en faut, la progression des salaires, rendent l'exploitation directe difficile, pénible et moins lucrative. Alors le propriétaire se résigne à livrer l'exploitation de son domaine à des métayers ou à des fermiers. Il le fait à regret, sachant bien que sa propriété ne sera plus aussi bien cultivée, aussi bien soignée, et il suit d'un œil inquiet et souvent peu satisfait, la marche de ses colons.

Autrefois, presque tous les baux étaient à moitié-fruits. Arthur Younk, de ce ton tranchant et dédaigneux qu'il prend avec nous, traite ce système d'absurde (1). Mais cette association entre celui qui possède la terre et celui qui la travaille est fort naturelle et fort ancienne. Pline le Jeune, qui avait de grandes propriétés, préférait *le fermage avec partage de fruits au fermage en argent.* Rien n'est plus juste, en effet, que d'intéresser, par l'égalité d'un partage, le propriétaire d'une part et le métayer de l'autre, aux chances heureuses ou contraires de l'exploitation, aux bonnes comme aux mauvaises années; mais comme le dit un de nos plus savants économistes, « le métayage a deux faces : s'il montre quel-« ques fois la solidarité des intérêts, il peut en montrer « aussi l'opposition; et c'est cette dernière tendance « qui domine malheureusement ici. Au lieu de cher-« cher l'augmentation de sa part dans l'accroissement « du revenu commun, le propriétaire s'applique trop

(1) *Voyage en France*, tome 2, page 201.

« souvent à rogner la portion de son associé, et celui-
« ci le lui rend bien. Ainsi compris et pratiqué, le
« métayage n'est plus une association, c'est un
« combât » (1).

Bien qu'il dise ailleurs (2) que *le métayage est l'un des signes d'une culture arriérée*, M. de Lavergne ajoute plus loin « qu'on finit presque toujours
« par y retomber. Ce qu'on a de mieux à faire, c'est
« de l'améliorer en substituant la bonne harmonie
« à l'antagonisme des intérêts ; et cette révolution
« bienfaisante doit venir du propriétaire, comme
« étant le moins pauvre et le moins ignorant des
« deux. » (3)

Ce serait pour entrer dans cette voie que je voudrais apporter au métayage de notre canton une modification radicale qui cependant ne pourrait convenir que si le propriétaire habite son domaine, s'il connaît et aime l'agriculture, s'il veut suivre l'exploitation de sa ferme sans en avoir les embarras journaliers, et s'il veut l'améliorer : c'est le cas de la plupart des propriétaires de ce canton.

Dans mon système, il conserverait la haute direction de ses cultures et fixerait notamment (ce qui en est le point capital), la rotation ou les *estivades* de ses terres, la nature et la succession des récoltes etc. Le métayer ne viendrait que pour exécuter les travaux réglés et arrêtés d'avance par le propriétaire qui

(1) M. Léonce de Lavergne, *Economie rurale de la France*, page 312.

(2) *Économie rurale*, p. 337.

(3) *Économie rurale*, p. 313.

lui laisserait une certaine latitude pour remplir le programme par lui donné.

Dans cette combinaison, le propriétaire apporterait à la communauté son instruction, son intelligence, sa constante sollicitude; le colon, son activité, son travail et celui de sa famille. Ce serait mettre en société la tête et les bras, au plus grand avantage de l'un et de l'autre.

Le propriétaire ferait mieux cultiver son domaine, serait plus porté à faire quelques sacrifices pour l'améliorer, il en augmenterait progressivement la valeur et le produit; et le colon partiaire serait encouragé dans son travail en voyant augmenter d'année en année sa moitié de revenant bon.

Je crois qu'un bail à moitié fruits fait dans ces conditions serait avantageux pour le propriétaire, pour le métayer et pour le domaine ; mais je dois dire que depuis plusieurs années je cherche à réaliser cette combinaison et que je n'ai pas pu y réussir encore, quoique pour la faire admettre j'aie offert les conditions les plus avantageuses, comme de laisser, dans tous les cas, la moitié des produits ou des bénéfices au métayer, et de prendre à ma charge les pertes s'il y en avait. Mais toute innovation effraye nos bons cultivateurs. Je ne désespère cependant pas d'en trouver qui acceptent une association dans laquelle ils auraient part aux bénéfices sans courir d'autre chance que de n'être pas rémunérés de leur travail.

Nous n'avons pas encore dans notre contrée cette classe de fermiers qui font de la culture un état et une industrie dans laquelle ils apportent une expérience acquise et les capitaux nécessaires. Ils prennent une ferme nue, ils y arrivent avec leur bétail de travail et de rente, leurs instruments de culture, leurs provisions et les avances nécessaires.

Nos fermiers sont en général dépourvus de ressources ; ils apportent seulement un chétif mobilier. Le propriétaire est obligé de leur fournir les cheptels, les foins, les pailles, les fumiers, les outils aratoires, et même de leur faire des avances de blé. Le fermier dispose de tout cela; il s'engage bien à le rendre à sa sortie, mais, en se retirant, il laisse parfois un déficit. Aussi ne faut-il pas s'étonner que les propriétaires fassent le moins d'avances possible. Et cependant c'est le manque ou l'insuffisance des fonds de roulement qui empêche notre agriculture de faire des progrès. Pour obtenir des rendements suffisants, il faut faire des avances à la terre; elle les rembourse avec usure, et plus on lui prête plus elle rend : mais la modicité des fortunes, ou une économie mal entendue, nous maintiennent dans un fâcheux état d'infériorité. Dans les pays où la culture est plus avancée et plus productive, on demanderait pour elle une avance de mille francs par hectare. Les meilleurs agriculteurs pensent que ce serait trop peu de 500 fr. par hectare. Notre fonds de roulement n'est pas même du quart de cette somme.

Pour rendre notre culture plus intensive et plus productive, il faudrait lui faire plus d'avance en cheptels, en instruments de culture perfectionnés, en améliorations du sol et des voies de communication, et surtout en engrais.

Il serait bon aussi d'apporter quelques modifications à nos baux.

2

D'abord les faire plus longs. En général, ils ne se font que de trois ou six ans. Cette courte échéance n'encourage pas les fermiers à faire des améliorations dont ils ne sont pas sûrs de profiter. Plus les baux seront longs, plus les fermiers seront intéressés à bien cultiver, à ménager les terres, à travailler plus pour l'avenir que pour le présent, à faire quelques travaux de clôture, de drainage, d'irrigation, qui, dans quelques années, leur rapporteront un gros intérêt.

Les propriétaires, qui ont tout à gagner à ce que leurs fermiers prospèrent, doivent les encourager dans la voie des améliorations qui, en définitive, donnent plus de valeur à leurs immeubles : par exemple pousser au chaulage des terres, en payant le prix d'achat de la chaux, le fermier n'ayant à sa charge que le transport qu'il ferait sans bourse délier; obtenir une autre amélioration capitale, l'introduction des prairies artificielles, en entrant pour une forte part dans l'achat de graines de plantes fourragères ou de plantes sarclées. (1)

Enfin il serait fort juste d'assurer au fermier une part dans la plus-value qu'une meilleure culture, des réparations utiles ou des améliorations durables donneraient à la propriété. Avec quel redoublement d'ardeur ne travailleraient-ils pas, s'ils étaient sûrs qu'après avoir augmenté leurs revenus pendant la durée de leur bail, leur travail et leurs sacrifices leur seraient en partie payés à leur sortie !

(1) J'ai introduit ces deux clauses dans mes baux du domaine de Regan et du château de Senezergues.

L'évaluation de cette plus-value serait peut-être difficile, mais lorsque cette condition serait entrée dans nos habitudes, les moyens d'exécution deviendraient familliers et faciles.

PRAIRIES, IRRIGATIONS.

Dans une contrée où on connaît à peine les prairies artificielles et les racines fourragères, et où cependant le bétail est l'une des principales sources de revenu, la prairie naturelle a une importance prédominante. Nos cultivateurs le comprennent parfaitement; ils font ce qu'ils peuvent pour augmenter la surface gazonnée et ils s'en occupent avec une certaine prédilection; cependant leurs prés demanderaient de notables améliorations.

Les eaux vives, dont le pays est abondamment doté, sont bien utilisées, et l'auteur de l'*Excursion agronomique en Auvergne* a pu dire avec raison que cette province est *l'une de celles où les irrigations sont le plus répandues et le mieux utilisées.* (1)

En effet, il n'y a pas si mince filet d'eau, ni si petit ruisseau qui ne soient mis à contribution. On va souvent les chercher fort loin. Quelquefois, par des travaux d'art assez importants, ou par des rigoles dont la pente est habilement ménagée, on les amène près des bâtiments d'exploitation, et, autant que pos-

(1) Victor Yvart.—*Observations sur les irrigations*, p. 171.

sible, dans la partie la plus élevée des prairies subjacentes, d'où elles sont distribuées à peu près partout par des canaux bien entendus.

Les eaux de source venant de terrain siliceux ou granitique ne sont pas toujours bonnes; mais, si elles ne contiennent pas des principes fertilisants, elles portent la fraîcheur et l'*humidité qui est l'une des nourrices du foin,* comme le dit l'un de nos plus anciens traités d'agriculture. (1)

Pour remédier à la crudité de ces eaux, on les réunit dans des réservoirs construits de la manière la plus simple, et qui sont répartis sur différents points de la prairie. Là, les eaux s'acrent, s'échauffent et s'améliorent; en lâchant fréquemment ces réservoirs on peut arroser plus abondamment et conduire l'eau plus loin.

Une excellente pratique, qui n'est pas assez répandue, consiste à verser dans ces réservoirs un ou plusieurs tombereaux de fumier que l'on brasse avant d'ouvrir la bonde; c'est la manière la plus simple et la plus économique de répandre de l'engrais sur les prés, qui, sous ce rapport, sont beaucoup trop négligés.

Il y a bien dans chaque ferme quelques parties de la prairie qui, à cause de la fécondité native du sol, ou d'une heureuse position qui y fait arriver naturellement le purin du fumier ou des étables, les eaux pluviales qui lavent les cours ou les rues d'un village, n'ont pas besoin d'autre engrais; il est même quelquefois trop accumulé sur certains points; mais

(1) *Maison rustique*. p. 352.

en général nos prés demandent un peu de fumier, et trop souvent ils ne reçoivent que celui qu'y apportent bien inégalement et bien insuffisament les animaux qui vont y consommer les premières ou les dernières herbes.

Cependant c'est un principe admis de tout temps, mais qui est aujourd'hui bien établi par les progrès qu'a faits la chimie appliquée à l'agriculture, qu'il faut rendre à la terre ce dont elle s'appauvrit en nous donnant des récoltes quelles qu'elles soient; car s'il y en a qui la fatiguent et l'épuisent moins que d'autres, il n'y en a pas qui l'enrichissent.

Les plantes prennent bien dans l'athmosphère quelques-uns de leurs éléments constitutifs, mais c'est principalement par leurs racines qu'elles se nourrissent, et il faut que ces racines trouvent à leur portée ce qui est nécessaire au développement de la plante. La terre ne le fournit pas indéfiniment. Ce qu'elle a perdu il faut le lui restituer, si on ne veut pas l'épuiser et la rendre stérile.

De là, la nécessité des engrais, et tous les agriculteurs le comprennent; mais la difficulté est de les donner dans la mesure convenable, et de les approprier à la nature du sol et de la production qu'on lui demande; car toutes les terres et toutes les cultures ne demandent pas les mêmes engrais ni la même quantité. S'il fallait entrer plus avant dans cette étude, l'agriculture ne serait plus abordable que pour un petit nombre, et il faut qu'elle le soit pour tous.

Nos savants nous préparent une théorie qui nous permettrait de réduire singulièrement la manipulation et le transport des engrais. Il s'agirait de les réduire à leur plus simple expression, de les administrer à petite dose et suivant ce qui convient à chaque plante; nous arriverons peut-être un jour à faire de l'agriculture homéopathique.

Mais toutes ces analyses de la tige, de la feuille, de la graines des plantes et des principes élémentaires qu'il faut en conséquence faire entrer dans la composition des engrais, seraient de nature à effrayer et à décourager nos bons habitants des campagnes. Heureusement pour eux, la science a constaté ce que l'expérience leur avait appris depuis longtemps, que le fumier de ferme contient tous les éléments nécessaires pour amener et maintenir la fécondité du sol.

Le fumier de ferme convient donc à nos prés aussi bien qu'à nos terres; seulement, n'en soyons pas aussi avares pour eux.

On se plaint généralement que le produit des prés diminue, et cela doit être. Régulièrement chaque année, en pâturage ou en foin et regain, les prés donnent plusieurs récoltes, et on ne leur rend rien ou peu de chose. Il y a dans nos domaines des prés où, de temps immémorial, on n'a apporté aucun engrais. Si on veut leur rendre leur fécondité première, il est indispensable de répandre de temps à autre, sinon tous les ans, sur les parties qui en ont le plus de besoin, un peu de fumier bien consommé; ce sera un sacrifice bien payé.

Il y a aussi un moyen, trop rarement employé ici, de raviver les gazons, et de les purger des mauvaises herbes qui les gagnent et étouffent les bonnes, c'est de les rompre et de les mettre de loin en loin en culture.

« Ceux qui trop obstinément disent qu'il en faut » moins mettre à la prairie me semblent être dévoyés » de bon jugement, dit *La Maison rustique*, (1) car, » à la longue, toute terre se lasse, il la faut rafraî- » chir, même resemer et réformer. » Le patriarche de l' agriculture, Olivier de Serres, dit aussi : (2) « Votre pré ne rapportant à suffisance, ne soyez si » mal avisés de le souffrir avec si petit revenu ; mais » lui changeant d'usage, le convertirez en terre la- » bourable, en quoi profitera plus en un an, produi- » sant de beaux blés et paille, que de six en foin. Dont » étant le fonds renouvelé, au bout de quelques » années, si ainsi le désirez sera remis en prairie. »

Après les anciens, qui n'ont pas vieilli autant qu'on le croit, nos maîtres modernes recommandent aussi de rompre les prés épuisés ou rendant peu. L'un des plus autorisés, Mathieu de Dombasle, dit qu'on peut ainsi doubler le produit du sol, et que *les avantages de ce défrichement sont immenses.*

Il donne à ce sujet des conseils qui peuvent être suivis avec confiance, comme ma propre expérience me permet de l'assurer, et qu'on peut résumer ainsi :

Retourner le gazon par un seul labour donné en mars, et suivi de plusieurs hersages. Sur la terre, ainsi préparée, mettre, la première année, une de ces récoltes *qui peuvent se semer ou se planter sur un seul labour*. M. Mathieu de Dombasle indique entre autres le lin, les pommes de terre, l'avoine. Il donne aussi plusieurs rotations de culture dans lesquelles

(1) Liv. 4, chap. 3, p. 352.

(2) *Théâtre d'agriculture*, p. 241.

il fait entrer deux récoltes sarclées successives, et qu'il termine par une céréale dans laquelle on resème le pré. (1)

Il est peu de nos fermes dans lesquelles ce mode de culture ne puisse être appliqué avec avantage. Nous avons trop de prés secs, maigres et épuisés. Dans le désir très-louable de les agrandir, on y a souvent englobé quelques parties détachées des champs qui y touchent. Se ressentant encore des bonnes cultures ou des engrais précédemment reçus, ces nouveaux prés donnent pendant quelques années assez de foin, mais bientôt la déception arrive, et l'on peut s'apercevoir que d'une bonne terre on a fait un mauvais pré.

C'est là surtout qu'il est avantageux de revenir, pour quelques années, à la culture qui sera bien plus productive, soit pendant que la terre sera travaillée, soit lorsqu'elle sera remise en pré.

On peut s'étonner qu'une pratique aussi bien indiquée, si facile et si avantageuse ne soit que rarement suivie dans ce canton.

La raison en est que chaque exploitation rurale est organisée sur la quantité de foin récolté, année commune, et que les cultivateurs craignent d'apporter quelque perturbation dans le régime de leur ferme, et aussi dans leurs habitudes, en se privant du foin d'une partie de leurs prés.

Mais d'abord, cette privation n'est que temporaire; ensuite il leur est loisible, en fumant une partie des

(1) *Calendrier du bon cultivateur*, p. 563 et suivantes.

prés qui leur restent, d'obtenir une suffisante compensation au foin dont les prive la mise en culture.

Enfin ce foin peut-être remplacé et au-delà par celui que donneraient les prairies artificielles dont nous parlerons tout-à-l'heure.

En général on fauche les prés trop tard. Nos cultivateurs attendent que l'herbe soit mûre, et ils la laissent se dessécher; elle durcit au point qu'elle n'est plus que de la paille, c'est-à-dire qu'elle a perdu les deux tiers ou les trois quarts de sa valeur nutritive.

Le moment le plus favorable pour la fauchaison est celui où le plus grand nombre des plantes qui composent les prairies sont en fleur. Elles ont alors acquis toute leur croissance; coupées en cet état, elles conservent, à la dessiccation, toutes leurs qualités et toute leur saveur, et si elles donnent un peu moins de foin, il est meilleur, plus appétissant et plus nutritif.

Il y a d'autres avantages à faucher de bonne heure.

La plupart des plantes de nos prés sont remontantes et repoussent après avoir été coupées. Mais si elles ont parcouru toutes les phases de la végétation, c'est-à-dire si elles ont donné leurs graines, elles ont épuisé davantage le sol, (1) elles sont dures et desséchées, repoussent plus difficilement, plus lentement, et quelques-unes ne repoussent pas, surtout si les chaleurs surviennent comme il arrive ordinairement si la fau-

(1) On a remarqué que chaque plante épuise beaucoup plus le sol lorsqu'on laisse venir les graines à maturité que lorsqu'on les fauche en floraison. — M. DE DOMBASLE, *Calendrier du bon cultivateur*, p. 588.

chaison est retardée. Alors le regain est compromis ou retardé d'autant, et n'arrive plus qu'à une époque où il est difficile de le faire sécher.

Il est bon d'ailleurs de faire ses foins avant la moisson, pour que ces deux grands travaux de la campagne n'arrivent pas en même temps, et que l'un ne nuise pas à l'autre ou ne le retarde pas beaucoup plus qu'il ne le faudrait.

Ce qui retarde le plus la fauchaison, c'est le déprimage. Le bétail mangeant les premières herbes, le foin ne commence à pousser que lorsqu'on a retiré les bestiaux des prés, et sa maturité est reculée d'autant,

Cette pratique du déprimage est condamnée par les uns et approuvée par les autres; mais il est à remarquer que tous ceux de nos compatriotes qui ont écrit sur notre économie rurale, et qui l'ont le mieux étudiée, le savant professeur Grognier (1), le docteur Brieude (2) approuvent la pratique du déprimage, sans en dissimuler les inconvénients. C'est qu'en effet le déprimage est souvent une nécessité; il est toujours utile au bétail et quelquefois à la prairie elle-même, il n'est guère nuisible à la récolte du foin que s'il est trop prolongé.

A la fin de l'hiver, la provision de fourrage est souvent épuisée, et l'on attend avec impatience le moment où l'on pourra envoyer au pacage les bestiaux qui sont d'ailleurs fatigués par une stabulation de plusieurs mois. Ces animaux sortent de leur étable

(1) ***Recherches sur le bétail de la Haute-Auvergne*, p. 46.**

(2) ***Topographie médicale de la Haute-Auvergne*, p. 28.**

fatigués, amaigris, tristes, la peau sèche, le poil hérissé; ils n'ont pas plutôt rasé la première pousse de l'herbe qu'ils changent à vue d'œil, leur marche devient plus vive, la peau plus souple, le poil lustré, et le lait revient aux vaches qui ont mis bas.

Quant à la prairie, comme la plupart des plantes qui la composent sont remontantes, elles talent, et au lieu d'une tige coupée, il en vient plusieurs. Quelquefois aussi des gelées tardives brûlent la pointe trop hative de l'herbe nouvelle, et il vaut mieux que la partie gelée soit coupée ras, que si elle devait tomber d'elle-même, ce qui retarderait la nouvelle pousse.

Mais il ne faut pas prolonger le déprimage pour ne pas trop retarder la récolte du foin et quelquefois la compromettre; car, s'il ne pleuvait pas après que le bétail est sorti de la prairie, et s'il survenait quelques jours d'une chaleur trop vive ou de sécheresse, le foin serait non-seulement retardé, mais fort diminué.

Une dernière recommandation au sujet des prés, c'est de n'y jamais laisser entrer les bêtes à laine. Par la conformation de leurs machoires, ces animaux tondent l'herbe beaucoup plus bas que ne le font les bêtes de la race bovine; leurs dents atteignent le collet de quelques plantes, et il en est d'autres qu'elles arrachent, surtout si on les introduisait dans des prairies nouvelles, les racines des jeunes plantes n'ayant pas encore pénétré bien avant dans la terre, et ne s'étant pas assez enchevêtrées les unes dans les autres pour se défendre mutuellement, seraient trop facilement arrachées ou piétinées. Il faut remarquer d'ailleurs que, pour peu que les prés soient humides, les bêtes à laine y contractent la cachexie, qui peut perdre tout un troupeau.

DRAINAGE.

Les cours d'eau et les prairies marchent ordinairement ensemble, et rencontrent souvent dans les vallées un sous-sol argileux et imperméable. L'eau reste à la surface et forme les marais qui ne donnent qu'une herbe âcre et dure, et dont les exhalaisons engendrent ces fièvres paludéennes si fréquentes dans quelques parties de ce canton.

Il importe donc, sous un double rapport, de faire écouler les eaux qui croupissent dans les prairies basses ; car, comme on l'a dit, l'*eau qui court vaut mieux que l'eau qui dort.*

On remédie à ce fâcheux état de choses en pratiquant des saignées dans le sens de la pente du sol ; mais on a beau multiplier ces rigoles, la bande de terre qui les sépare reste toujours marécageuse. Il n'y a que des drainages profonds et bien dirigés qui puissent assécher ces marais.

Lorsqu'il s'agit de débarrasser un champ des eaux surabondantes, lorsque la couche de terre végétale laisse passer l'eau, il suffit de faire, sur le sous-sol imperméable, des drains en patte d'oie, qui, placés à une distance convenable, et se réunissant au point le plus bas, absorbent l'eau qui s'infiltre dans la terre pour prendre la direction du drain. Mais dans les marais, et lorsque la terre est compacte et glaizeuse, les drains, faits dans le sens de la pente, ne peuvent pas produire l'effet qu'on en attend. Il n'y a de desséché que la terre remuée par la fouille du fossé, et encore cesse-t-elle de l'être lorsque, tassée de nouveau, elle ne laisse plus passer l'eau. Le terrain adjacent n'en laisse pas couler une goutte dans le drain. J'ai eu un insuccès complet dans des drainages faits dans ces conditions : j'ai été plus heureux dans les drainages faits en travers.

Pour dessécher un terrain marécageux ou tourbeux, il faut attaquer le mal à sa source, remonter au haut du pré, où le jonc ou les autres plantes aquatiques commencent à se montrer, et pratiquer transversalement un fossé assez profond pour atteindre la couche d'argile qui n'est pas très-éloignée ; là on verra infailliblement suinter l'eau qui, glissant sur la terre imperméable, va former le marais. Ce fossé transversal doit être prolongé jusqu'à ce qu'on ne trouvera plus d'eau descendant du terrain supérieur ; il sera nécessaire de donner une légère pente à la cuvette de ce fossé et de lui ménager un écoulement à l'extrémité duquel on captera les eaux, pour les distribuer utilement. Si l'on veut recouvrir ce fossé, on fera au fond un aqueduc ou drain assez puissant pour recueillir et conduire toute l'eau ainsi arrêtée dans son cours.

La partie supérieure du marais sera certainement desséchée. Si la partie inférieure ne l'était pas, il faudrait en conclure que les eaux viennent d'ailleurs ; et, pour les arrêter, on serait obligé de faire, toujours transversalement, de nouveaux fossés là où l'aspect du terrain, ou quelques indices dénoncent la présence des eaux souterraines, qu'il est toujours facile d'arrêter et de diriger utilement.

Mais il y a quelquefois, au milieu des marais, des sources qui viennent de bas en haut de l'intérieur de la terre. Il est facile de les reconnaître au cercle d'une verdure plus franche qui les entoure, et à la présence de plantes tout autres que celles des marécages. L'eau est plus chaude ; elle fait promptement fondre la neige ; elle est ordinairement fort bonne et il faut l'utiliser.

Le drainage, qu'on dirait inventé depuis peu, a été de tout temps connu et pratiqué dans nos terres ; seulement, au lieu d'employer des tuyaux en terre, qu'on n'avait pas, on faisait les drains ou *truels* en pierre ; c'est plus facile et n'en vaut pas moins. Nos cultivateurs peuvent très-bien s'en tenir à leur méthode ancienne, qui a d'ailleurs l'avantage d'épierrer leur champ : deux améliorations à la fois.

Cette ancienne méthode de drainage n'est pas assez généralement appliquée dans les terres humides qu'on pourrait ainsi assainir, et on obtiendrait souvent de petits filets d'eau qu'on utiliserait.

Les marais étant assainis, il ne faut pas attendre du temps que l'herbage change de nature, ce serait trop long et peu sûr. Si l'on veut remplacer les joncs, les laiches, les prêles, les mousses et toutes ces plantes lacustres qui sont mauvaises et même nuisibles, par des légumineuses ou des graminées, il faut les y semer.

Mais auparavant il est très-avantageux de mettre, pour quelques années, en culture les marais desséchés, et ce que nous avons dit des prés rompus est ici parfaitement applicable. Les marais assainis peuvent donner plusieurs bonnes récoltes successives, et on les met ensuite en bons prés qu'on peut arroser par les mêmes eaux qui les rendaient improductifs.

L'écobuage peut être pratiqué avantageusement sur les gazons des prés marécageux, en ce qu'il fait brûler les racines qui sont fortes et nombreuses, et ne se décomposeraient que très-lentement.

TERRES LABOURABLES.

Les habitants de nos montagnes ne jugent leur avoir bien assuré que lorsqu'il est assis sur la propriété foncière, et lorsque, par succession ou par acquisition, ils possèdent un coin de terre, toute leur ambition est d'en étendre les limites et d'agrandir leur domaine.

C'est ce désir qui les rend laborieux et économes. On ne pourrait qu'y applaudir si cet amour de la propriété ne les entraînait pas quelquefois à contracter des charges au-dessus de leurs forces, et à acheter sans avoir les fonds nécessaires pour payer. Les propriétés ainsi acquises ne rapportent pas plus de la moitié de l'intérêt des sommes qu'ils restent devoir, de là une gêne prolongée et quelquefois la ruine.

Nos paysans agiraient bien plus sagement s'ils employaient leurs capitaux ou leurs économies à améliorer la proprieté qu'ils possèdent déjà ; ce serait le meilleur placement qu'ils pourraient faire. En concentrant leurs ressources sur leurs terres, ils en augmenteraient graduellement la fertilité et le rapport, tandis qu'en les éparpillant sur une trop grande surface, ils n'obtiennent que de maigres récoltes qui ne les dédommagent pas suffisament des avances qu'ils ont faites, car de pauvres récoltes appauvrissent le champ et celui qui le travaille.

C'est aujourd'hui une vérité bien reconnue et démontrée par des calculs rigoureux que, pour qu'elle soit rénumératrice et qu'elle donne des bénéfices, il faut que la culture soit *intensive*, c'est-à-dire que, par des travaux bien entendus et des engrais convenables et suffisants, on amène la terre à donner des récoltes abondantes.

J'ai souvent eu occasion de dire à nos cultivateurs, et je dois répéter ici, qu'ils étendent trop leur culture, qu'en raison de l'insuffisance des engrais qu'ils peuvent y employer, il vaudrait mieux la restreindre.

Nos terres légères et peu profondes réclament beaucoup d'engrais. On ne leur en donne pas assez parce qu'on le disperse sur une trop grande surface. Aussi il arrive souvent que nos seigles ne rendent que cinq ou six pour un de semence, et avec un tel rendement, le blé coûte au cultivateur plus qu'il ne vaut.

Si au lieu d'étendre son fumier sur huit hectares, je suppose (36 sétérées), le laboureur les concentrait sur six hectares seulement (27 sétérées), il aurait la même récolte en paille et en grain, et peut-être plus.

J'admets que les 20 hectolitres semés sur huit hectares rendent six pour un, ce qui est beaucoup (1), on obtiendra 120 hectolitres.

En fumant davantage, les 15 hectolitres de semence, répandue sur six hectares seulement, rapporteront au minimum 8 pour un, et plus, ce qui donnerait la même récolte de 120 hectolitres.

La paille plus haute, mieux nourrie et plus forte aurait probablement plus de poids que la paille d'une récolte plus maigre.

Le propriétaire pourrait donc épargner un quart du temps et du travail de ses attelages pour les labours qu'exige son champ, plus cinq hectolitres de semence; et le bénéfice ne s'arrête pas là, car la terre, mieux fumée, sera mieux disposée pour d'autres récoltes; et laissât-on, comme cela arrive trop souvent, le champ en jachère, après le blé, il formerait un bien meilleur pacage.

La réduction de l'étendue des champs consacrés annuellement aux céréales aurait encore un autre avantage dans un grand nombre de cas.

Dans nos fermes les mieux organisées, c'est l'assolement quatriennal qui est adopté. Les terres sont divisées en quatre soles ou *estivades* (selon le mot consacré dans le pays); mais un grand nombre d'autres exploitations se font à l'assolement triennal, et

(1) D'après un tableau du produit moyen des récoltes dans différentes contrées, établi par M. Boussingault, sur des données officielles (*Economie rurale*, tome 1er, p. 449), tandis que dans quelques départements bien cultivés, le produit du blé est de 18, 20 et jusqu'à 26 hectolitres par hectare, il n'est dans le Lot, la Lozère, la Dordogne et le Cantal, que de cinq hectolitres quatre dixièmes.

n'ont que trois estivades, ce qui a le très-grave inconvénient de faire revenir trop souvent sur la même terre le seigle, qui est une récolte trés-épuisante.

En réduisant d'un tiers ou d'un quart l'étendue consacrée annuellement à cette culture, les parties de ces champs restées libres donneront une quatrième sole, et les fermes qui n'ont que trois estivades en auront ainsi quatre.

La rotation quatriennale n'est pas assurément la meilleure qu'on puisse adopter. Comme dans les contrées plus riches, à mesure que nous améliorerons nos terres et y introduirons des cultures nouvelles, nous serons amenés à des assolements plus longs; mais, dans l'état actuel de notre agriculture, la rotation quatriennale nous suffit pour obtenir deux importantes améliorations :

La suppression de la jachère,

Et l'introduction des prairies artificielles.

LA JACHÈRE.

Si chez nous l'année de jachère était employée à donner plusieurs façons préparatoires, elle aurait son utilité. Ce serait le meilleur moyen de purger nos champs des plantes parasites; et la terre, mieux ameublée et ramenée plus souvent sous l'action des agents atmosphériques, donnerait de meilleures récoltes.

Mais ce n'est point ainsi qu'on utilise la jachère, et, en général, nos cultivateurs livrent la terre à elle-même, parce que, disent-ils, il faut la laisser reposer, et ensuite parce que la jachère leur fournit un pâturage dont ils ont besoin pour leurs troupeaux. Ce sont ces deux raisons qui s'opposent à la suppression de la jachère.

La première repose sur une erreur ou un préjugé, et la seconde sur un mauvais calcul.

« On a maintenant reconnu, dit M. Ledocte, avec « tous les meilleurs agronomes (1), que toute idée « de fatigue, d'épuisement de force, de vieillesse, « de repos, et toutes autres idées équivalentes, appli- « quées au sol, sont entièrement vides de sens. La « terre se lasse bien de produire la même chose, mais « jamais elle ne se lasse de produire ; voilà ce qu'on « ne saurait trop répéter......

Nous voyons dans la Genèse que Dieu dit : *Que la terre produise de l'herbe et des arbres*, et elle produit partout et toujours. Là où il y a une couche de terre, une végétation ne tarde pas à s'implanter. Nos landes, qu'on est assez porté à accuser de stérilité, ne donnent-elles pas spontanément de la bruyère, de la fougère, des ajoncs, de l'aspholède, de la fétuque et quelques graminées ? Elle les produit sans demander du repos ; et lorsque, jugeant qu'elle en a besoin, nous le lui imposons par la jachère, elle n'obéit pas et proteste en se couvrant de plantes adventices qui montrent qu'il est de sa nature de produire. Il faut favoriser cette tendance, et l'art du cultivateur est de lui faire produire des plantes utiles au lieu de celles qui ne le sont pas ; mais il faut l'y aider en

(1) Plantes racines, p. 154.

mettant la terre dans les conditions qu'exige la production qu'on lui demande, et en lui fournissant, lorsqu'elle en manque, les éléments qu'elle doit elle-même mettre à la portée des végétaux qu'elle doit nourrir, c'est-à-dire les amendements et les engrais (1).

Ce n'est pas le repos, c'est l'engrais que demandent nos terres. Ne voyons-nous pas nos jardins constamment en production. Dès qu'une récolte est enlevée, le jardinier en sème ou en plante une autre. Presque toutes nos fermes possèdent une chenevière où, de temps immémorial, on cultive du chanvre, bien souvent le chanvre n'est pas plutôt enlevé qu'on sème du seigle, pour le couper en vert, puis immédiatement encore du chénevis. Ce sont deux récoltes en un an. C'est une culture très-vicieuse, qui va contre toutes les règles, et cependant le jardin à chanvre produit toujours, parce qu'on le fume abondamment. Il serait bon néanmoins d'interrompre cette succession sans fin des mêmes récoltes, et dans cette terre privilégiée on se trouverait bien d'adopter aussi l'assolement

(1) Je suis porté à croire qu'il serait bon de chercher à améliorer et à développer, par une culture bien entendue, les plantes qui viennent naturellement dans notre sol, ou leurs similaires ; et qu'en les faisant entrer dans la composition de nos prairies artificielles, nous obtiendrions des résultats plus certains qu'avec des plantes étrangères ou nouvelles, qui doivent convenir moins à nos champs que celles qui y croissent d'elles-mêmes. Je fais quelques essais dans ce but, mais ils ne m'ont pas encore donné des résultats assez satisfaisants, ou assez certains pour que j'en parle ici.

quatriennal : trèfle, céréales, plantes sarclées et retour du chanvre.

La jachère, qu'on prolonge quelquefois durant deux années, fournit un assez bon pâturage dans les bonnes terres argilo-siliceuses, presque nul dans les terrains sablonneux, et nos cultivateurs ne croient pas pouvoir se passer de ce pâturage ; mais la prairie artificielle, remplaçant la jachère, leur fournirait dix fois plus de fourrage pour la nourriture du bétail, et après une ou plusieurs coupes, la prairie donnerait encore un excellent pâturage, qui ne laisserait pas regretter celui de la jachère.

PRAIRIES ARTIFICIELLES. — RACINES FOURRAGÈRES.

Tout le monde sait qu'il y a des plantes qui épuisent le sol plus que d'autres ; il est reconnu aussi que certaines récoltes réussissent mieux si elles succèdent à d'autres qui préparent mieux le sol à les recevoir ; et c'est dans la succession rationnelle des récoltes que consiste un bon assolement, la partie la plus importante et la plus délicate de la science agricole.

Notre assolement quatriennal serait fort rationnel et bien autrement productif, si nous substituions à l'année de jachère des plantes fourragères. Ce simple changement, qui pourrait s'opérer sans rien retrancher de nos autres cultures, sans porter aucun trouble à l'ordre de nos travaux agricoles, nous permettrait d'augmenter, dans une notable proportion, notre bétail de rente, et par conséquent nos fumiers, ce qui amènerait un produit net plus élevé, en même temps que l'augmentation graduelle de la fécondité de nos champs.

Je suis convaincu que l'introduction de la prairie artificielle ou des racines fourragères, est de la plus haute importance pour nos cultivateurs, et que c'est l'amélioration capitale qu'il faut leur recommander.

C'est à M. le général baron Higonet que nous devons l'introduction des prairies artificielles dans cette contrée ; mais que ce progrès est lent à s'établir !

Quelques-uns des plus intelligents agriculteurs sèment aujourd'hui un peu de trèfle sur les meilleures parties de leurs terres. A moins que cet essai soit fait dans de trop mauvaises conditions, il réussit parfaitement, et comme le dit M. de Dombasle, « le « trèfle doit être considéré comme un des principaux « pivots d'un bon assolement. Sans doute on ne cul- « tive encore le trèfle que sur une très-petite partie « des terres qu'on devrait y consacrer ; mais enfin on « reconnaît presque partout les avantages de cette « culture, et si les obstacles qui s'opposent à cette « extension étaient levés, elle augmenterait considé- « rablement. »

Ces obstacles ne sont pas seulement la jachère ; il y en a de plus sérieux dans l'insuffisance des engrais ; car pour faire entrer la prairie artificielle dans une rotation régulière, il faut fumer la terre largement, et les fumiers sont à peine suffisants pour les autres cultures.

Cette difficulté ne peut se présenter que pour la première année; car pour les suivantes, l'augmentation de fourrage que donnera le trèfle permettra d'augmenter le bétail ou de le nourrir plus longtemps à l'étable, et par suite d'obtenir une plus grande quantité de fumier, qui pourra suffire à la nouvelle culture. Mais au début des plantes fourragères, il y a un embarras réel; je l'ai éprouvé, et j'y ai remédié par les engrais du commerce. Je trouverai peu de cultivateurs disposés à entrer dans cette voie. Ils se méfient des annonces ou des réclames qui leur promettent des merveilles; mais si l'industrie, toute nouvelle chez nous, de la fabrication et de la vente des engrais a ses charlatans et ses empiriques, il y a aujourd'hui, et assez près de nous, plusieurs maisons honorables auxquelles on peut demander avec confiance des engrais qu'elles composent avec une entente parfaite des besoins de l'agriculture, dont elles donnent consciencieusement l'analyse qu'elles garantissent (1).

Les prix sont encore élevés, mais l'accroissement de récolte que procurent ces engrais compense largement la dépense, et l'argent qu'on y emploie est bien placé.

La découverte toute récente de gisements de phosphate fossile dans les départements voisins (le Lot et l'Aveyron), nous permet d'avoir à bon marché cette précieuse matière.

(1) Sans parler du Guano du Pérou, le plus sûr et le meilleur de tous les engrais, nous avons : l'engrais chimique de M. H. Joulie, a Bordeaux, 30, rue des Allemandiers; l'engrais agenais de M. Jaille, à Agen; la fabrique de produits chimiques de MM. Faure et Kessler, à Clermont-Ferrand.

Les agriculteurs, qui ne veulent pas acheter des engrais peuvent y suppléer en augmentant et en améliorant leurs fumiers de ferme, comme nous allons le leur demander bientôt ; et, à la rigueur, si, comme je le leur ai conseillé, ils réduisent leur estivade de céréales, pour concentrer leurs engrais sur une moins grande étendue, l'excédant de fumier qu'aura reçu leur seigle ou leur avoine se trouvera pour le trèfle qu'on sèmera dessus, et en y répandant quelques sacs de plâtre, on peut espérer de bonnes coupes. Il n'est personne qui ne connaisse les bons effets du plâtre sur les jeunes trèfles. Franklin l'a démontré de la manière la plus concluante.

Dans nos exploitations il y a encore des champs de genêts, qui, au bout de deux ou trois ans, sont coupés et brûlés sur place, et fournissent, par leurs cendres, un assez bon engrais. Cette méthode primitive est généralement condamnée ; elle peut cependant être justifiée dans une contrée *où les terres sont à bon marché et où la main-d'œuvre est chère, où on aime mieux cultiver beaucoup que cultiver bien* (1), et j'ajoute où il y a pauvreté du sol et insuffisance des engrais. La genetière devra être abandonnée dans une rotation de peu de durée; mais elle peut servir à y entrer plus facilement. En effet, lorsque dans une ferme on a un genêt à brûler, on a par conséquent un excédant d'engrais qu'on peut employer à établir la prairie artificielle, le surplus du fumier ordinaire restant pour les champs de blé.

(1) Extrait d'une lettre de Washington à Arthur Young, rapportée par M. Boussingault. — *Economie rurale*, t. 1., p. 445.

MODES DE CULTURE USUELLE.

Quant aux modes ou procédés de culture usuelle, qui doivent varier suivant la nature du terrain et les circonstances climatériques et atmosphériques, il n'y a rien à apprendre à nos agriculteurs. Ils savent très-bien dans quel temps et dans quelles conditions il faut labourer, semer et récolter, et il y a lieu de s'étonner que des hommes sans instruction, qui n'ont jamais ouvert un livre d'agriculture, soient conduits, par leur pratique ou ce qu'ils ont vu faire aux anciens, aux mêmes déductions que la science, et que leur pratique s'accorde si bien avec la théorie.

Du reste, nos cultivateurs ont leurs règles et leurs principes, dans lesquels la lune joue un grand rôle. Ils ont leurs axiômes et leurs sentences, comme leurs proverbes, exprimés en termes naïfs ou pittoresques; et leurs principes sont généralement bons, mais si vous voulez savoir sur quoi ils les appuient, ils donnent des raisons illogiques et qu'on ne saurait admettre; c'est leur raisonnement qui a tort et non pas leurs principes.

Il savent très-bien que de mauvais labours, donnés dans des temps peu favorables, certaines successions de récoltes, l'insuffisance du fumier épuisent la terre; ils disent, dans ce cas, qu'elle est *désassaisonnée*, cultivée hors saison, et qu'elle *poutigne*, qu'elle boude.

Lorsqu'ils mettent un certain intervalle entre deux labours, ils prétendent qu'il faut laisser *bouillir*, fermenter la terre; ils ont raison au fond, non que cette prétendue fermentation puisse se produire, mais parce que, dans le temps qui s'écoule entre les deux labours, les graines des plantes adventives que l'on ramène à la surface, et qu'on place ainsi dans des conditions favorables, germent et se développent, et que le second labour les détruit et en purge la terre. Lorsque nos laboureurs voient un champ se couvrir d'herbes, ils reconnaissent parfaitement qu'on ne l'a pas laissé *bouillir*. Ils jugent bien de l'effet en se trompant sur la cause.

Il serait fort à souhaiter que par cette fermentation ou par tout autre moyen, ils aient le soin de débarrasser leurs terres des plantes parasites qui vivent aux dépens des récoltes, quand elles ne les étouffent pas. La saleté de nos terrrs est une des plaies de notre agriculture. C'est surtout à la jachère qu'elle est due. Pendant qu'on dit que la terre repose, elle produit de mauvaises herbes qui portent, répandent leurs graines et se perpétuent ainsi. C'est une des raisons qui m'ont fait insister sur la suppression de la jachère pleine; et cependant c'est la jachère en travail, et les labours fréquents qui peuvent le mieux nettoyer la terre. On obtient aussi ce résultat, sans lequel il n'y a pas de bonne culture, par les plantes sarclées et les nombreux binages qu'elles demandent.

CHAULAGE.

Ce n'est pas seulement l'engrais que réclament nos terres, il leur manque encore un des principaux éléments de la production végétale, le calcaire. C'est à peine s'il y en a trace dans nos terrains argilo-siliceux ; le fumier de ferme en contient un peu, mais c'est bien insuffisant, et si nous voulons neutraliser l'acidité de notre sol, surtout de celui qui est nouvellement défriché, et le porter à un suffisant degré de fertilité, il faut nécessairement y introduire le calcaire qui fait défaut. Nulle part le chaulage n'est mieux indiqué et ne peut produire des résultats plus satisfaisants.

C'est maintenant trop bien constaté et trop généralement reconnu, même par nos cultivateurs, pour que j'aie à faire ressortir ici les avantages qu'ils peuvent en retirer. Mais il n'y a si bonne pratique qui n'ait ses détracteurs. Ne pouvant pas nier les bons effets de la chaux, parce qu'ils se produisent immédiatement, et non-seulement sur la première récolte, mais encore sur celles qui la suivent, il s'est trouvé quelques personnes qui prétendent que, par cela même que la chaux excite la production, elle fatigue et épuise la terre à la longue ; et pour donner à une opinion aussi hasardée la forme et la valeur d'un axiôme, ils disent que le ***chaulage enrichit le père et ruine les enfants***. Les faits se sont chargés de donner un démenti péremptoire à cette fâcheuse prophétie. M. Puvis, dans son traité des amendements, nous fait assister aux progrès qu'a faits le chaulage dans quelques-unes de nos provinces, où après les pères les fils chaulent à leur tour, et probablement les arrière petit-fils chauleront encore.

Ma propre expérience ne va pas aussi loin ; mais je pratique le chaulage depuis vingt-cinq ans, et j'ai si peu remarqué l'épuisement prédit, que j'apporte toujours et de plus en plus de la chaux sur mes terres.

En 1854, pour favoriser les essais que je voulais faire et qu'il jugeait utiles au progrès de l'agriculture, M. de Parieu, maire d'Aurillac, m'avait autorisé à établir à l'abattoir de cette ville, un dépôt de chaux vive, pour absorber le sang et les débris de la boucherie, dont jusques là on ne tirait aucun parti. Du mélange de la chaux avec les matières animales, j'obtins un engrais d'une grande valeur, dont l'effet se fait sentir vingt ans après sur la terre qui l'a reçu.

Malheureusement, le local trop restreint de l'abatoir public, et quelques plaintes plus ou moins fondées sur les exhalaisons que produisait le mélange, que je faisais cependant enlever deux fois par semaine, me firent retirer l'autorisation que je devais à la bienveillance de l'administration. Mais il est bien fâcheux que ces matières soient perdues.

Quelle est la quantité de chaux nécessaire pour un hectare ? M. Elie Jalenques, qui depuis longtemps fait de louables et heureux efforts pour faire adopter le chaulage dans un canton voisin, pense que quatre mètres cubes de chaux suffisent. Sans méconnaître ce qu'a de valeur l'expérience d'un obseruateur aussi judicieux, je crois que nos terres de bruyère demandent un peu plus de chaux ; et que si quatre mètres cubes par hectare font un assez bon chaulage dans le canton de Maurs, il vaut mieux en mettre six dans le canton de Montsalvy.

Il y a encore quelques cultivateurs qui croient que la chaux tient lieu d'engrais, ou que les terres chaulées en demandent moins. C'est une bien grande erreur, et il est peut-être bon de répéter qu'avec la chaux il faut au moins la même quantité de fumier.

Malheureusement nous n'avons chez nous, ou à proximité, ni marne ni chaux ; il faut aller la chercher fort loin, et les frais de transport en doublent le prix. Mais, quoi qu'il en coûte, nos cultivateurs ne doivent pas hésiter à faire à leurs terres cette avance qui leur sera rendue avec usure. Ce sacrifice est d'ailleurs allégé par les encouragements que nous donnent la Société centrale d'agriculture et le comice de Montsalvy, et il faut se hâter d'en profiter.

Une autre amélioration qui doit venir après le chaulage, c'est de donner à nos terres des labours plus profonds.

En général, la couche arable a trop peu d'épaisseur ; elle repose, presque partout, sur un terrain de même nature, mais qui, n'ayant jamais été remué, est dur et compacte ; il se laisse difficilement pénétrer par les racines des plantes et par les eaux pluviales ; il en résulte que nos blés sont moins solidement implantés dans le sol, que nous ne pouvons pas cultiver avec succès les plantes pivotantes, comme la luzerne, le sainfoin et les plantes-racines, que nos terres sont plus facilement soulevées par la gelée, et que nos récoltes, ne profitant qu'imparfaitement de l'humidité que la capillarité amène de la profondeur de la terre, sont exposées à la sécheresse.

Quelquefois aussi, le sous-sol étant peu perméable, les eaux de la pluie restent à la surface plus longtemps qu'il ne faudrait, et nuisent à la végétation.

Tous ces inconvénients disparaîtraient, ou seraient fort atténués par des labours plus profonds. La terre du sous-sol, qu'il faudrait ne ramener que graduellement à la surface, bénéficierait des salutaires influences de l'air, du soleil et de la pluie, et s'assimilerait promptement à la terre végétale, dont elle viendrait augmenter l'épaisseur, surtout si ces labours profonds avaient lieu avant l'hiver.

Des défoncements à la pioche pourraient être faits par les ouvriers de la ferme durant l'hiver, ou lorsque les travaux de la culture leur laissent quelque répit. Plus profonds seraient ces défoncements, plus ils vaudraient. Toutefois, il faudrait avoir soin de laisser à la surface toute la bonne terre, au lieu de l'enterrer au fond du fossé ; la terre neuve par laquelle on la remplacerait, s'améliorera avec le temps, sans doute, mais elle serait d'abord peu productive.

Hors le cas où le cultivateur peut faire des défoncements dans la morte saison, s'il faut appeler des ouvriers du dehors, ce travail devient trop coûteux, tandis qu'on peut obtenir à moins de frais le même résultat par des labours plus profonds, auxquels nous reviendrons en parlant des charrues.

DÉFRICHEMENTS, ÉCOBUAGES.

Dans presque toutes les fermes de ce canton, celles surtout qui avoisinent la région des bruyères, il y a d'assez grandes étendues de terrain qui n'ont d'autre destination et d'autre produit que la dépaissance des bêtes à laine : une partie de ces pâturages pourrait être utilement défrichée, et donnerait à l'exploitation une sole ou une estivade de plus, qui permettrait d'en consacrer une entière à la prairie artificielle ou aux racines fourragères, sans rien changer à l'exploitation ordinaire et sans diminuer la culture des céréales.

D'importants défrichements ont été opérés, surtout depuis que les partages de famille ont morcelé les grands domaines. Les héritiers, réduits seulement à une part des terrains cultivés, ont voulu les agrandir aux dépens des terrains incultes; et c'est ainsi que dans ce canton la surface arable s'est notablement accrue.

C'est ordinairement par l'écobuage que débute cette mise en culture.

Cette pratique est généralement condamnée.

Je suivais, il y a près de soixante ans, le cours d'agriculture que faisait, au Jardin des Plantes, le bon M. Thouin père. Je lui demandai un jour son avis sur l'écobuage, il me répondit : « *C'est un coup de fouet appliqué sur le dos d'une rosse, elle donne un bon coup de collier, mais est plus rosse après qu'avant.* »

L'écobuage en effet, tel qu'on le pratique sur nos bruyères ou sur nos terres vagues, donne assez généralement une bonne récolte, quelquefois deux ; mais l'incinération de l'humus qui recouvrait le sol l'appauvrit, et lorsque l'effet des cendres ou des sels alcalins que l'on obtient ainsi est épuisé, il faut des années pour reconstituer la couche de terre végétale ou l'humus qu'on a détruit par le brûlé.

Il ne faut cependant pas proscrire l'écobuage d'une manière trop générale ni trop absolue.

Les conditions exceptionnelles dans lesquelles m'ont placé les canaux d'irrigation qui m'ont permis de convertir en prairie permanente et arrosée une partie des terres de mon exploitation, je les ai remplacées, et au-delà, par des défrichements de bruyères qui, depuis plusieurs années, sont en culture réglée, et ne sont pas inférieures aux autres terres du domaine. J'ai presque toujours commencé mes défrichements par l'écobuage, en modifiant un peu la pratique du pays, et je n'en ai obtenu que de bons résultats.

Voici comment je procède :

Je mets une forte charrue Dombasle dans la bruyère, et ce premier labour découpe et retourne complètement une bande de bruyère de 12 à 15 centimètres d'épaisseur. C'est un travail pénible et qui exige quelquefois deux paires de bœufs.

Pour le rendre plus facile, et si la bruyère est trop haute ou trop forte au point de gêner la marche de l'attelage, je fais préalablement mettre le feu à la bruyère, par un temps sec, et en veillant à ce que l'incendie ne s'étende pas au-delà de l'espace dans lequel je veux le circonscrire. Les cendres de ce premier brûlis sont enterrées dans le sillon, et la première semence les y retrouve.

Il est bon de fa're ce labour avant l'hiver, pour que la bruyère se décompose en partie, et que les pluies ou les gelées ameublissent la motte de terre retournée, et exposée ainsi aux influences atmosphériques.

Au printemps, je donne, avec l'araire du pays, un labour croisé, qui ramène à la surface une partie des végétaux que la charrue à versoir avait enterrés.

Lorsque les premières chaleurs ont suffisamment desséché les mottes de terre, des hommes (ou des femmes), achèvent de les briser avec un bident, et détachent la partie ligneuse, en y laissant le moins de terre possible. En peu de temps, ces touffes de tiges ou de racines de bruyère ou de fougère sont assez sèches pour être mises en petits tas et brûlées ; la cendre est répandue et mêlée à la terre par un coup de herse.

Ces cendres et celles des premiers brûlis, seraient suffisantes pour assurer une bonne récolte d'avoine ou de seigle ; mais comme je ne veux pas me contenter de ce premier produit, et que je veux mettre la terre en mesure de donner d'autres récoltes, j'ajoute à la cendre une demi-fumure.

Si le fumier d'étable est absorbé par d'autres cultures, je fais répandre, avec la semence, de trois à quatre cents kilogrammes de noir animal par hectare. D'habiles agriculteurs, et entre autres M. Rieffel,

4

dans les landes de Grand-Jouan, qui ont beaucoup d'analogie avec les nôtres; M. Lechartier, professeur à la faculté des sciences de Rennes (1), ont reconnu et constaté les heureux résultats du noir animal et du phosphate fossile sur les défrichements.

La chaux, qui neutralise l'acidité des terres de bruyère et la rend moins légère et moins friable, ne peut être nulle part plus utilement employée que dans le défrichement de nos terres argilo-siliceuses (2).

Ainsi travaillées et amendées, mes terres de bruyère, choisies d'ailleurs dans de bonnes conditions, ont pu entrer immédiatement dans mon assolement, et les plus anciens défrichements y tiennent, depuis quinze ans, un très-bon rang.

Ma manière de procéder ne diffère de l'écobuage, tel qu'on le pratique ordinairement dans le canton, qu'en ce que nos cultivateurs font sécher et brûler la motte entière enlevée à la bèche. C'est là, je crois, ce qui rend l'écobuage vicieux et le fait condamner. Tandis que je me garde bien de détruire par le feu la couche de terre végétale et les substances organiques qu'elle contient. Je ne brûle que les brindilles ou les racines de la bruyère qui eussent été fort lentes à se décomposer, et n'eussent donné que bien plus tard une faible addition d'humus, au lieu des sels alcalins que donne immédiatement l'incinération.

(1) Annuaire des cinq départements de la Normandie. 1870, p. 77.

(2) Dans son excellente notice sur les terrains pauvres, M. l'ingénieur Dubreuil rend compte des résultats remarquables qu'il a obtenus de la chanx sur des défrichements de bruyères. Page 33 et suivantes.

Mais, de quelque manière qu'on pratique les défrichements, ils ne peuvent être avantageux que là où la bruyère est dans des conditions favorables pour être convertie en terre labourable. Il est plus prudent d'y renoncer lorsque la déclivité du sol, le peu d'épaisseur de la terre végétale, sa mauvaise qualité, ou tout autre cause rendraient l'opération plus coûteuse que profitable.

Je ne puis qu'engager les cultivateurs à être très-réservés sur les défrichements ; en général il faut les soutenir par des engrais, et on ne peut guère leur en donner qu'aux dépens des terres de l'exploitation, qui déjà n'en ont pas assez. Dans ces conditions, étendre ses cultures, c'est les appauvrir, et un agriculteur intelligent fera mieux de concentrer ses engrais sur ses champs anciens, pour les porter au plus haut point de fertilité ; et quant à ses bruyères, le meilleur parti qu'il puisse en tirer, c'est de convertir en bois.

REBOISEMENT DE TERRES INCULTES.

De nombreux indices autorisent à penser que nos landes, aujourd'hui dénudées ou en bruyères, étaient autrefois couvertes de bois. En creusant un fossé d'écoulement dans un marais tourbeux, j'ai trouvé enterré à un mètre de profondeur, de vieux troncs de chêne, et tout autour, à une assez grande distance, il n'y a pas même un arbrisseau.

Il est facile de rendre ces landes à leur destination primitive. Nos terrains schisteux ont une merveilleuse aptitude à la production des arbres résineux. Pour s'en convaincre on n'aurait qu'à voir les plantations que j'ai faites à Boussaroc. Trente hectares de bruyères improductives et rebelles à toute culture, ont été convertis en bois bien garnis et bien venants; et, quoique les premiers semis ou plantations ne remontent qu'à trente-quatre ans, on y trouve aujourd'hui des pins et des mélèzes qui ont, à ceinture d'homme, de 1 mètre 25 centimètres à 1 mètre 50 de circonférence.

On peut aussi, sans sortir du canton, voir dans la commune de Lacapelle-en-Vézie et aux quatre points cardinaux autour de Montsalvy, des plantations d'arbres verts, qui sont d'une date plus récente, mais qui témoignent d'un succès complet.

Rien ne saurait être plus encourageant. Il faut espérer que cet exemple sera suivi et que bientôt nos côteaux de bruyère seront couronnés de forêts d'arbres verts.

Dans leur état actuel, ils ne servent qu'à la dépaissance de maigres troupeaux, qui sont d'un produit insignifiant s'il fallait en déduire les frais de garde et de nourriture pendant l'hiver. Rarement le défrichement de ces bruyères serait une opération productive, tandis que presque toutes pourraient être converties en bois et arriveraient, en peu d'années, à une valeur dix et vingt fois plus élevée.

Le bois devient rare et cher; de bons esprits craignent de le voir manquer. Le dépeuplement de nos forêts serait plus que compensé par le reboisement des terres incultes. Le triste aspect du pays serait changé, nos sommets auraient des abris et des brise-vent, notre rude climat serait adouci, les sources seraient plus abondantes et les eaux meilleures.

Tout est donc avantage dans le reboisement de nos bruyères, et j'ajoute qu'on peut l'obtenir facilement et à peu de frais.

La première et la plus importante opération est de clore le terrain que l'on veut boiser ; il est indispensable de mettre le plant à l'abri de la dent des animaux, qui s'attaquent, lorsqu'ils ne trouvent rien de mieux, aux jeunes pousses des résineux, comme à celles des autres arbres.

A défaut d'autres clôtures, il suffit d'un fossé d'un mètre d'ouverture et d'un mètre de profondeur, en rejetant la terre de la fouille en talus du côté du bois.

Semer ou planter est à peu près indifférent et arrive au même résultat.

Si l'on sème, il suffit de jeter la graine sur la terre et de faire passer dessus, et à plusieurs reprises, un troupeau de bêtes à laine.

Si l'on plante, un homme va en avant en donnant, à un mètre ou un mètre cinquante de distance, deux ou trois coups de pioche pour faire un petit trou ; il est suivi par un autre homne, ou même une femme, tenant un paquet de tout jeunes plants d'une main, et qui, de l'autre, met un arbre dans le trou, et y ramène la terre qu'il piétine autour du plant.

Un homme et son aide peuvent planter de cinq à six cents pieds de pourrette en un jour.

Il n'est pas nécessaire d'extirper la bruyère qui sert d'abri au jeune plant.

On peut également planter en automne ou au printemps. Cependant, comme nous avons souvent des étés très-secs, je préfère planter au mois d'octobre ou de novembre, pour que, par l'effet des pluies de l'hiver, la terre soit bien tassée autour des racines, avant la sécheresse, s'il en survient.

L'administration forestière, pour encourager le reboisement, livre à très-bas prix, dans sa belle pépinière d'Arpajon, le plant qu'on lui demande.

Ce qui s'oppose au boisement de nos bruyères, c'est qu'en général elles sont indivises entre les habitants d'un ou de plusieurs villages ; et qu'il faudrait le consentement de tous les copropriétaires pour en faire le partage ou pour en changer le mode de jouissance. Cet accord est difficile à obtenir, car chacun tient à son troupeau de bêtes à laine, et croit qu'il ne pourrait le conserver s'il ne pouvait l'envoyer dans l'indivis, comme si la brebis ne pouvait vivre et prospérer que là où il y a des bruyères. Que nos bons paysans sachent donc que les troupeaux les plus nombreux, les plus beaux, ceux qui donnent le plus de revenus sont précisément dans les pays où il n'y a ni bruyères ni commanaux.

Nos indivis, que la jouissance promiscue maintient dans une désolante stérilité, deviennent productifs lorsque que par quelque concession, par un partage, et, il faut aussi le dire, par des usurpations trop fréquentes, quelque parcelle est mise en valeur comme propriété privée. Ainsi, au point de vue de l'intérêt privé, comme de l'intérêt général, il serait à souhaiter que chacun des copropriétaires prît sa part de la propriété commune. La législation n'y met aucun obtacle, car nous n'avons pas dans notre canton de communaux proprement dits.

Les terres vaines, qu'on désigne sous ce nom, ne sont que des indivis (1), et si le partage ne peut en être fait, à cause du mauvais vouloir de quelques-uns qui comprennent mal leurs interêts, il serait sandoute facile de les amener à consentir à ce qu'une partie de ces bruyères soit soustraite à la dépaissance commune pour être convertie en bois. Si cet accord pouvait s'obtenir, chacun des intéressés contribuerait, par quelques journées de travail, à l'établissement des clôtures et à la plantation, et n'aurait plus qu'une cotisation minime à payer pour l'achat du plant.

Le succès infaillible de cette première mise en valeur, et les avantages que chacun verrait qu'il peut espérer de sa part de jouissance d'un bois, amènerait bientôt la plantation du surplus des indivis.

C'est aux hommes éclairés et influents de chaque groupe à obtenir de leurs cointéressés une première plantation, ne fût-ce qu'à titre d'essai.

(1) Entre autres décisions judiciaires, un jugement du tribunal civil de première instance de l'arrondissement d'Aurillac, en date du 28 août 1868, fortement motivé, et un autre du 31 août 1872, consacrent ce principe pour ce qu'on appelle *communaux* dans le canton de Montsalvy.

LES FUMIERS OU ENGRAIS.

« Le fumier des terres est une très-notable partie « du mesnage, estant notoire à tous ceux qui font « profession de manier la terre, que c'est le fumier « qui resjouit, reschauffe, engraisse, amollit, adoucit, « dompte et rend aisées les terres faschées et lassées « par trop de travail, celles qui de nature sont froi- « des, maigres, dures, amaires, rebelles et difficiles « à cultiver, tant il est vertueux. »

C'est dans ces termes que le patriarche de notre agriculture, Olivier de Serre (1), parle des fumiers.

« On a dit que l'argent est le nerf de la guerre : le « fumier est le nerf de l'agriculture ; avec lui on peut « faire tout, sans lui on ne fait rien ou peu de « chose. » (2)

Pas un cultivateur qui ne soit convaincu de ces vérités, et cependant les fumiers sont bien négligés dans le plus grand nombre de nos fermes.

Le judicieux auteur que j'ai déjà cité dit bien : « Nous n'avons rien à indiquer ici pour le soin, la « préparation et le bon arrangement des tas de fu-

(1) *Du Théâtre d'agriculture*, liv. 2, chap. 3, p. 88.

(2) *Dictionnaire raisonné d'agriculture*, par M. Richard (du Cantal), t. 1, p. 603.

« mier ; car nous n'avons vu nulle part, nous devons « le dire, ces engrais mieux soignés, mieux arrangés « et mieux préparés qu'en Auvergne. » (1)

C'est malheureusement de la Basse-Auvergne qu'il est question ; et si M. Yvart avait poussé plus loin son excursion ; s'il était venu visiter notre canton, il aurait eu beaucoup d'observations critiques à faire.

Rarement les fumiers sont placés sur des aires convenablement disposées. On les entasse sans préparation aucune, sur un coin de la cour, à proximité des étables, et on les laisse exposés aux ardeurs du soleil qui les dessèche, à la pluie, et quelquefois sous les gouttières, qui les délavent ; il n'est pas rare de voir la base noyée dans un cloaque : rien n'est disposé pour recevoir les purins ; enfin, après avoir superposé les couches de litière à mesure qu'on les sort des étables, on abandonne les fumiers à eux-mêmes, sans aucun soin pour accélérer ou retarder, au besoin, leur fermentation ou leur décomposition.

Là où ces précautions n'ont pas été prises, il faudrait, avant tout, établir l'aire à fumier sur un sol un peu élevé, rendu imperméable par une couche de terre argileuse bien battue, la paver ensuite de manière à ce que les jus s'écoulent naturellement dans une rigole pavée, qui les conduise dans une fosse à purin, ou dans des canaux arrivant dans les prés inférieurs. Couvrir par un toît la fosse à fumier, comme le conseillent les auteurs, est une bonne précaution ; mais elle n'est pas indispensable ; il suffit que

(1) M. Yvart. — *Excursion agronomique en Auvergne*, p. 59.

le fumier soit placé à l'ombre de quelques grands arbres ou des bâtiments de la ferme ; mais si on n'a pas cette ressource, il est nécessaire de couvrir le tas par des branchages garnis de leurs feuilles, par de la paille, ou même simplement par une couche de terre ou de sable qui, recevant les émanations du fumier qui est au-dessous et le suintement de celui qu'on apporterait ensuite dessus, deviendrait un bon engrais.

En temps ordinaire, l'eau de pluie suffit pour maintenir la meule de fumier dans l'état d'humidité nécessaire ; mais, à défaut de pluie, il faut éviter que le fumier se dessèche et brûle, pour ainsi dire, par suite de la chaleur que détermine sa fermentation, et de celle qui vient d'un soleil trop ardent ; dans ce cas, il est nécessaire d'arroser le fumier modérément, avec son jus si on le recueille, ou seulement avec de l'eau, si on n'a pas de purin. C'est une précaution, nécessaire en été, et trop souvent négligée chez nous.

Nulle part on n'aurait plus de facilités pour faire de l'engrais Jauffret ; nous avons sous la main tous les éléments qui le composent, et rien n'est plus facile.

J'ai vu aussi en Normandie une fort bonne pratique qu'on pourrait introduire dans notre contrée. Les cultivateurs rassemblent avec soin les curures des fossés et les gazons qui viennent le long des chemins et des haies ; ils les mêlent avec de la chaux et en font des tas qu'ils appellent des *tombes*, les laissent ainsi fermenter, et lorsque le tout est bien décomposé, on le répand sur les champs. Ce n'est pas seulement un amendement, c'est un bon engrais.

Mais c'est moins encore sur les soins à apporter à la confection et à la conservation des fumiers qu'il faut appeler la sérieuse attention de nos cultivateurs, que sur l'indifférence ou la négligence qu'ils mettent à en augmenter la quantité. Ils sont loin de mettre à profit les éléments qu'ils ont sous la main pour accroître leurs richesses.

C'est d'abord par d'abondantes litières qu'on peut obtenir plus d'engrais ; et nous sommes dans de très-bonnes conditions pour fournir à nos étables deux ou trois fois plus de litière que nous n'en donnons généralement, et pour obtenir deux ou trois fois plus d'engrais. Non que la valeur du fumier augmente dans la même proportion, il est évident que l'élément principal, c'est-à-dire les déjections des animaux, restant les mêmes, leur puissance fécondante ne peut être accrue du double par une litière double ; mais une plus forte couche de litière absorbe plus complètement les déjections et les conserve mieux. Dans ce sens, il est vrai de dire qu'avec plus de litière on a plus de fumier.

Nos autres ressources nous permettent de ne pas y employer la paille, de la mettre en réserve pour la nourriture du bétail, et d'augmenter ainsi, dans une notable proportion, nos provisions de fourrage. Durant l'hiver, et lorsqu'ils sont réduits à la ration d'entretien, nos bœufs et nos vaches s'accommodent parfaitement bien de la paille, sans qu'il soit nécessaire de la leur présenter hachée. La faire passer au hache paille serait, dans ce cas, un travail inutile, dont se chargent sans hésiter la dent et l'estomac des animaux ruminants. Il faut se rappeler que trois cents kilogrammes de paille équivalent à peu près à cent kilogrammes de foin (1).

C'est une ressource précieuse dont il faut profiter. Pour remplacer la paille nous avons en abondance la feuille des arbres, le genêt, la fougère, les ajoncs, et enfin la bruyère.

Et à cet égard, il est bon de relever une erreur assez généralement accréditée. On croit que c'est la paille qui donne le meilleur fumier. Des analyses faites par nos plus savants chimistes, rapportées avec détail dans un des meilleurs traités que nous ayons sur les fumiers, (2) amènent M. Girardin à dire : « Aînsi les agriculteurs qui avancent que la » paille des céréales est un mauvais engrais trouvent » leur opinion fortifiée par l'analyse chimique », et plus loin « les pailles de céréales employées presque » exclusivement partout pour cet objet (pour engrais), » ne valent pas, à beaucoup près, sous ce rapport, » celle de colza, de sarrazin, etc. », et en sapant par la base nos préjugés sur la valeur prépondérante de la paille, M. Girardin nous donne, avec son incontestable autorité, les moyens de la remplacer. « Dans » beaucoup de localités, dit-il (3), on devrait suppléer à la disette des pailles pour litière, par une

(1) Voir dans l'encyclopédique et précieux recueil de la *Science usuelle* de M. Gaffard, le tableau des équivalents, dressé sur les documents les plus récents et les plus sûrs. — n° 1571.

(2) *Des fumiers considérés comme engrais*, par M. Girardin. p. 59.

(3) *Des fumiers considérés comme engrais*, p. 64.

» foule de plantes ou de débris végétaux qu'il est facile de se procurer avec économie ; tels sont surtout » les bruyères, les fougères, les feuilles des arbres, » les genêts, les roseaux, la mousse, les gazons, la » tourbe, les ajoncs, les ramilles, le buis, la sciure » de bois etc. La plupart de ces plantes ou de ces débris sont même plus riches en principes azotés que » les pailles, et, sous ce rapport, ils leur sont préférables comme engrais. »

On sait que l'azote est un des plus précieux éléments qui entrent dans la composition de tous les produits végétaux, et celui qui peut le plus enrichir nos fumiers et nos récoltes.

Je doute qu'il y ait une contrée qui fournisse plus abondamment que la nôtre la plupart des plantes qu'indique M. Girardin. Nos châtaigneraies nous donnent de la feuile, presque partout on a de la bruyère, de la fougère, des genêts, des ajoncs ; dans plusieurs localités on peut avoir de la tourbe et partout des gazons Il est donc très-facile de remplacer la paille et de faire largement litière. J'ajoute qu'il est avantageux de la laisser s'accumuler dans l'étable jusqu'à ce qu'elle devient gênante. En ajoutant chaque jour une nouvelle couche de litière fraîche, on obtient une couche plus épaisse qui retient mieux les déjections liquides, et en est plus complètement imbibée. Le piétinement continuel des animaux broye et mélange mieux le tout, et plus le fumier reste sous le bétail, meilleur il est.

On peut penser que toutes ces matières accumulées altèrent l'air des étables, et que la santé des animaux ait à en souffrir ; mais cet inconvénient n'est pas à craindre si l'aération est suffisante, et ce qui se fait dans quelques contrées doit complètement rassurer sur ce point. En Bavière, en Belgique et en Hollande, on creuse, dans la partie des étables qui doit être occupée par le bétail, de véritables fosses, qui ont jusqu'à cinquante centimètres en contre-bas du sol. On place au fond une couche de vingt ou trente centimètres de bruyère, et, chaque jour, ou tous les deux ou trois jours, on ajoute de la litière jusqu'à ce que le tas atteigne presque la hauteur des crèches, et le bétail n'en souffre pas.

Il n'y aurait donc rien à craindre pour le bien-être des animaux, si l'on n'enlevait le fumier de nos étables que tous les huit ou dix jours.

On peut d'ailleurs, et avec grand avantage, détruire les émanations dont l'odorat serait offensé, en répandant sur la litière du sulfate de fer ou couperose verte, ou même du plâtre, qui fixent les vapeurs ammoniacales, les retiennent dans le fumier, et les empêchent de se répandre et de se perdre dans l'air.

J'obtiens à peu près les mêmes résultats, et j'améliore d'une manière notable mes engrais en répandant sur la litière du phosphate fossile.

Le phosphate et surtout le superphosphate peuvent être employés directement sur nos terres, et j'en ai obtenu de bons effets ; mais je crois qu'il est plus simple et plus avantageux de les faire entrer dans la composition de nos fumiers, soit en les répandant sur chaque couche nouvelle qu'on apporte sur le tas, soit, ce que j'aime mieux, en les mélangeant à la litière.

Nous pouvons avoir maintenant, au prix de

5 fr. 25 c. les cent kilogrammes du phosphate moulu, dosant de 40 à 45 p. 100, ce qui fait revenir le kilogramme à 5 ou 6 centimes, et il suffit de répandre sur la litière un kilo de phosphate par tête de bétail, tous les jours, ou tous les deux jours; ce n'est donc qu'une bien faible dépense, au moyen de laquelle on obtient un engrais puissant, car il est reconnu que la fermentation du fumier rend le phosphate immédiatement assimilable.

Lorsqu'on est bien convaincu que le fumier est le *pain* qui nourrit la terre, le blé et le cultivateur, on ne peut voir sans le déplorer que tant de matières fertilisantes soient négligées et perdues dans nos campagnes. Combien de débris, de chiffons, de balayures, de déchets de toute sorte qu'on jette de tous côtés, et qui enrichiraient le fumier si l'on avait soin de les y porter. Mais ce qui est triste surtout, et qui offense à la fois la vue et l'odorat, ce sont ces ordures déposées par tous et partout autour de toutes les habitations de paysans. La propreté et la décence demanderaient impérieusement que près de chaque maison ou des lieux fréquentés, il y eût des latrines, et que tout le personnel de la ferme fût obligé de se rendre là et non ailleurs; et cependant cet indispensable réduit est complètement inconnu dans nos campagnes. A défaut d'autres considérations, l'intérêt de tous les propriétaires serait d'en établir chez eux, ne fût-ce que pour utiliser toutes les matières fécales qui sont un des plus puissants engrais que l'on connaisse.

Sans aller chercher des exemples en Chine, où on n'en laisse rien perdre, nous voyons plusieurs de nos provinces, celles qui se livrent aux cultures les plus riches et les plus exigeantes, attacher un grand prix à l'engrais humain, et aller le recueillir avec empressement dans les villes voisines, à Lille, à Rouen, à Paris, à Grenoble, à Lyon, à Nice, entre autres. Il y a même de ces villes qui en tirent profit et en augmentent leurs revenus ; elles font payer des droits d'octroi non seulement à ce qui entre, mais encore à ce qui sort.

Sans parler des eaux des égoûts, qu'on cherche maintenant à utiliser, ni des déjections liquides qu'on laisse perdre à Paris, la poudrette, qui ne représente que de 15 à 25 p. 100 des matières utilisables, suffirait pour fertiliser annuellement 30,000 hectares (1).

Quelques calculs feront mieux comprendre à nos paysans le tort qu'ils font à leurs cultures en n'utilisant pas l'engrais humain. D'après MM. Liebig, Boussingault et Girardin, les excréments, tant solides que liquides d'un homme, donnent par an 273 kilogrammes, renfermant 3 p. 100 d'azote, ou 8 *kilogrammes 205 grammes qui, ajoutés à l'azote puisé dans l'atmosphère, est plus que suffisant pour faire produire annuellement à 50 ares la récolte la plus riche* (2).

Partant de là, et en supposant une ferme composée de huit personnes, les déjections qu'il serait facile de recueillir pourraient fumer quatre hectares. Mais comme les travailleurs ne sont pas toujours à la mai-

(1) *Sol et Engrais*, par M. Lefour, inspecteur général de l'agriculture, p. 141.

(2) *Des fumiers considérés comme engrais*, p. 49.

son ou dans le voisinage, et que, quoi qu'on fasse, il se perdra toujours une certaine partie de ces matières, réduisons à moitié ce qu'on peut utiliser. Il en restera pour donner une abondante fumure à deux hectares (ou neuf sétérées, ancienne mesure). Chaque cultivateur peut supputer ce que lui rapporterait cette étendue de terre avec un engrais aussi puissant; ce ne serait pas moins de vingt charretées de fourrage, si c'est une prairie artificielle, ou de cinquante hectolitres (63 setiers) de grains, si c'est sur un champ.

Il faut ajouter seulement qu'il est parfaitement reconnu que les matières fécales ne communiquent aucun mauvais goût aux récoltes pour lesquelles on les emploie.

Dans des situations privilégiées, lorsque l'habitation domine des prairies, et qu'on a une eau courante à sa disposition, on peut la faire servir à laver les latrines et la conduire ensuite dans les prés, en ayant soin de distribuer ce précieux arrosement sur les parties du gazon qui en ont le plus de besoin.

Là où on n'a pas ce moyen facile d'employer cet engrais, ou lorsque les prés n'en ont pas besoin et qu'on peut les utiliser mieux ailleurs, il faut que les latrines reposent ou sur des tonneaux qu'on enlève lorsqu'ils sont pleins, ou sur des fosses parfaitement étanches, et dont on opère la vidange selon les besoins.

Si l'on veut neutraliser la mauvaise odeur de ces baquets ou de ces fosses, on n'a qu'à y répandre, de temps à autre, du charbon pulvérisé, ou du plâtre, ou de l'acide sulfurique, ou de la couperose verte, toutes

5

substances, qui sont peu chères, et qui augmentent encore la valeur de l'engrais, soit par elles-mêmes, soit en empêchant la déperdition de l'ammoniaque dans l'air.

Quant au produit des fosses, on peut le faire dessécher en le disposant dans un lieu écarté et couvert, ou le stratifier avec de la terre ou du sable, pour hâter la dessiccation, en attendant qu'on le porte dans les champs; ou l'étendre, s'il y en a peu, sur le tas de fumier, en ayant soin de le couvrir d'une couche de litière retirée des étables, ou encore le porter frais et directement sur les champs ou les prairies, en l'étendant de deux ou trois fois son volume d'eau.

LE BÉTAIL.

Après avoir parlé du fumier, nous arrivons naturellement au bétail qui le produit. En mettant à son actif cette précieuse production, il faut en ajouter d'autres qui font que, dans notre contrée, le bétail est une des principales sources de revenu.

Nos fermes produisent du blé, du seigle, du sarrasin, en quantité plus que suffisante pour la nourriture de ceux qui les exploitent; il y a ordinairement un excédant qu'on peut porter sur le marché. Mais si l'on comptait bien, on arriverait, je crois, à ce résultat qu'en location de la terre, en fumier, en semences, et surtout en travail, et avec le faible rendement de nos récoltes, les céréales coûtent plus qu'elles ne rapportent.

Le revenu le plus certain c'est celui que nous retirons de nos cheptels, et c'est de leurs animaux de travail et de rente que nos cultivateurs doivent constamment s'occuper.

J'ai déjà dit que, sous ce rapport, il y a dans ce canton une grande amélioration, sans doute due en partie aux encouragements que, depuis plusieurs années, l'Etat, le Conseil général et la Société centrale d'agriculture donnent à la production des bêtes à cornes et à laine. Les exhibitions des derniers concours, et notamment de celui de 1874, constatent de notables progrès. On y a présenté plusieurs taureaux vraiment remarquables pour leur taille et la régularité de leurs formes. Peut-être pouvait-on regretter qu'ils eussent été trop préparés en vue de la prime; mais c'est l'inconvénient de tous les concours : on traite les reproducteurs comme s'ils devaient figurer à un concours d'animaux gras. Quant aux bêtes à laine, les troupeaux qu'on y amène sont chaque année plus nombreux et plus beaux, et le jury a regretté de ne pouvoir primer tous ceux qui le méritaient.

On ne s'arrête pas dans cette voie. Le progrès marche de proche en proche, et l'on peut remarquer que là où il y a un beau troupeau, ceux des voisins s'améliorent bientôt.

Pour l'espèce bovine, nous sommes heureusement placés entre deux races également remarquables, celle de Salers et celle d'Aubrac ou de Laguyole; l'une et l'autre ont une triple aptitude au travail, à la production du lait et à la boucherie. Peut-être la race de Laguyole convient-elle mieux à notre canton ; elle accepte bien nos mauvais fourrages et résiste mieux au travail. Mais il faut reconnaître que l'une et l'autre de ces races dégénèrent chez nous. Cela tient moins, je crois, à l'infériorité de nos herbages, qu'à l'insuffisance de la nourriture que nous donnons à nos animaux, surtout à ceux qui ne travaillent pas, et vis-à-vis desquels nous sommes trop parcimonieux.

Dans son très-intéressant cours de zootechnie, M. Boudement faisait souvent ressortir par des calculs certains une vérité qu'il faudrait bien faire comprendre à nos cultivateurs : *Bien nourrir coûte cher, mais mal nourrir, coûte plus cher encore.*

Un bœuf, mal ou insuffisamment nourri, n'a ni force ni activité ; il travaille peu et lentement, et si on veut le vendre, il rend moins qu'il n'a coûté. Il en est de même d'une vache ; si elle produit, son veau est chétif, parce qu'elle a peu de lait, sa croissance est plus lente et plus pénible. C'est de l'alimentation des premiers jours que dépend la bonne conformation, la taille et la force des veaux, et fussent-ils mieux nourris plus tard, ils se ressentiront toujours de l'insuffisance de la nourriture du premier âge. Sait-on seulement ce qu'on leur donne ? La ménagère ou le vacher réclament une partie du lait de la vache ; on n'a aucun moyen certain de connaître ce qu'on laisse au veau. Est-ce trop ou trop peu ? C'est laissé à l'appréciation arbitraire de celui qui fait la part de chacun. Combien il serait plus rationnel de traiter les veaux comme on le fait dans tous les pays d'élevage. On ne fait jamais têter les veaux. Celui qui est chargé de ce soin trait la vache jusqu'à épuisement du lait ; il mesure ensuite au veau celui qui lui est nécessaire, il sait alors ce qu'il fait ; mais nos vachers ne peuvent pas croire qu'on puisse élever un veau sans le faire têter ; et la force de l'habitude ou du préjugé est telle que lorsqu'on exige d'eux qu'ils nourrissent les veaux au baquet, ils y mettent si peu de bonne volonté et le font si mal, qu'ils réussissent rarement, ce qui force, de guerre lasse, à y renoncer.

Dans une ferme un peu considérable, on a des bœufs pour les travaux pénibles, les labours difficiles, les quelques voyages qu'on est forcé de faire ; mais, en général, dans notre canton, où les terres sont légères, faciles à travailler, et où nos labours, trop peu profonds, n'exigent pas une grande force de traction, il est plus avantageux d'employer des vaches.

Le bœuf paie sa nourriture par son travail et son fumier, mais c'est tout ; et lorsque arrive le moment de le vendre, il faut le laisser reposer pendant quelque temps, et le nourrir mieux pour le mettre en bon état et ne pas le vendre à perte.

Les vaches donnent de bien autres produits.

Leur fécondité, à peu près constante, fait qu'elles donnent un veau tous les ans ; elles fournissent pendant neuf à dix mois le lait nécessaire au ménage, et pour les travaux usuels, elles peuvent remplacer le bœuf. Il y a ordinairement dans une ferme plus de vaches qu'il ne faut d'attelages et qu'il n'y a de bouviers pour les conduire ; et comme elles sont toutes dressées au joug, il est facile de remplacer celles qui seraient fatiguées ou qu'on ne pourrait faire travailler pendant les quelques jours qui précèdent ou qui suivent le vêlage.

Mais il faut revenir à ce que nous avons déjà dit, parce qu'on ne saurait trop le répéter : pour obtenir plus de profit du bétail il faut le nourrir mieux ; et c'est plus nécessaire pour la vache dont la production ne s'arrête pas. Nos cultivateurs ont soin de bien traiter les vaches qui viennent de mettre bas ; mais cette précaution est au moins aussi nécessaire avant qu'après. La vache a son veau à nourrir dès le jour où elle a été saillie ; par le développement qu'a le veau en naissant, on voit combien il a dû être exigeant pendant les neuf mois et demi de gestation, et on demande encore du lait à la mère. Puisque nous voulons qu'elle nourrisse constamment un veau et qu'elle s'y prête merveilleusement, il faut constamment la bien nourrir. Elle et son suivant paieront très-bien le surcroît de nourriture qu'on leur donnera. J'ai déjà fait ressortir l'avantage qu'il y a à laisser une suffisante quantité de lait aux veaux qu'on veut élever, et quant à ceux qu'on livre trop jeunes à la boucherie, s'ils ont peu de valeur, c'est parce qu'on leur laisse tout juste le lait qui leur faut pour vivre ; rarement on leur en donne un excédant pour les engraisser. J'ai vu près d'Issigni, dans les belles fermes de Mme Carpentier, des veaux qui absorbaient par jour de vingt à trente litres de lait, simplement écrémé ; mais aussi, au bout de huit à dix semaines, on les vendait de 250 à 300 fr. Ce lait était bien payé.

A l'introduction dans leurs cheptels d'animaux de meilleure race et plus forts, comme à l'obligation de les mieux nourrir, nos paysans opposent l'insuffisance de leurs moyens d'alimentation ; mais, dans ce cas, il vaudrait mieux réduire le nombre des têtes de bétail ; et certainement, de leur cheptel ainsi réduit, ils obtiendraient plus de bénéfice.

Une dernière considération qui a aussi son importance, c'est que plus les animaux reçoivent de nourriture, plus ils donnent de fumier, et meilleur est ce fumier.

Si nos cultivateurs entraient résolûment dans la voie des améliorations sur lesquelles nous avons appelé leur attention ; s'ils répandaient plus d'engrais sur leurs prés ; s'ils utilisaient les matières fertilisantes qu'ils laissent perdre, et le purin des fumiers ; s'ils chaulaient leurs terres et semaient plus de trèfle ; s'ils supprimaient la jachère pleine pour adopter la prairie artificielle et la culture des plantes fourragères, ils pourraient non seulement mieux nourrir leur bétail, mais encore en doubler presque le nombre, et, comme nous l'avons dit, c'est là le meilleur de leurs revenus.

BÊTES A LAINE.

Dans ce canton, chaque ferme a son troupeau de bêtes à laine, dont l'amélioration va lentement mais sûrement. Là où le progrès ne pénètre pas encore, c'est parmi ces petits propriétaires, ou même simples locataires dans le voisinage des communs ou des indivis, qui n'ont que quelques chétives brebis vivant tant bien que mal dans les bruyères, lorsque le temps permet de les y conduire, et qu'ils laissent souffrir en hiver, n'ayant que peu de foin ou quelques feuilles sèches à leur donner. Néanmoins, chacun de ces maigres troupeaux a son berger, de manière que les frais de garde absorbent certainement le produit ; mais on fait garder ces bêtes à laine par des enfants, ce qui a des inconvénients de plus d'un genre ; les moindres sont que le troupeau est mal gardé et plus mal soigné.

Pourquoi les propriétaires de ces petits troupeaux ne les réuniraient-ils pas sous la garde d'un seul berger que chacun nourrirait à son tour, et paierait au prorata du nombre de ses brebis ?

C'est ce que l'on fait ailleurs avec une grande économie ; et si l'on introduisait cet usage, on pourrait avoir des bergers capables et expérimentés, qui feraient leur état de la garde des troupeaux, sauraient les bien conduire et les bien soigner, ce qui nous manque complètement. Nous sommes obligés de confier la garde de nos troupeaux à des enfants ou à de jeunes filles, qui out hâte de quitter cet emploi dès qu'ils peuvent se louer pour les travaux de la ferme. Il en résulte que ces gardiens d'occasion ne connaissent rien ni à l'hygiène, ni aux maladies des brebis, dont ils ne prennent d'autre soin que de les empêcher de s'égarer. Souvent on perd des troupeaux entiers, parce qu'ils ont été mal conduits, sont sortis trop tôt ou sont rentrés trop tard, ou ont été conduits dans des pâturages humides, et qu'on n'a pas reconnu assez tôt le mal qui peut les atteindre.

Ces inconvénients cesseraient si les propriétaires de troupeaux s'entendaient pour avoir en commun un bon berger, soigneux et capable.

Ce serait une première application du principe si fécond de l'association, qui est inconnu chez nous.

LA PORCHERIE.

Une contrée qui produit beaucoup de châtaignes et du gland, où la pomme de terre vient à merveille, et où l'on peut cultiver avec avantage le topinambour et le trèfle, semble prédestinée à élever et engraisser des porcs; aussi est-ce une branche importante de notre industrie agricole.

Bien que des croisements multipliés aient mêlé et confondu les races, nous en avons encore deux bien distinctes.

La race blanche, qui est plus répandue dans nos montagnes, paraît tenir à la race craonnaise un peu dégénérée; elle est haute sur jambes, a le dos un peu arqué, les oreilles grandes et pendantes, elle prend beaucoup de taille et a les os forts.

La race noire, et souvent blanche et noire, nous vient du Limousin et du Quercy; elle est de plus petite taille, les jambes sont plus courtes, le corps plus ramassé, le dos plus large, les oreilles plus petites, les soies fines et luisantes.

Le choix entre ces deux races dépend des idées ou des habitudes de chacun. Elles n'ont pas de supériorité marquée l'une sur l'autre; elles se ressemblent en ceci, que le complet développement des animaux est tardif, que leur engraissement est lent : il serait utile de corriger ces défauts par des croisements avec les races anglaises dont la croissance est plus rapide et l'engraissement plus facile.

Je crois avoir obtenu ce résultat par le croisement d'une femelle craonnaise venant du Poitou, et d'un verrat yorckshire-berskire. Les animaux qui en sont provenus se distinguent par la régularité de leurs formes, la voracité avec laquelle ils acceptent tous les aliments, la facilité de les maintenir en bon état, et la rapidité avec laquelle ils arrivent à leur complet développement, ce qui permet de les engraisser plus tôt que les porcs de nos races ordinaires. Depuis plus de trois ans les produits de ce croisement sont répandus dans le voisinage où ils sont appréciés et recherchés.

Le soin de la porcherie est exclusivement du domaine des ménagères, et elles s'en acquittent fort bien. Il n'y a rien à leur apprendre sur la manière d'élever et d'engraisser leurs porcs; mais seulement leur recommander plus de propreté dans la tenue de la porcherie.

Malgré son nom et sa mauvaise réputation, le cocochon est un des animaux qui demandent le plus de propreté. Ce n'est pas par goût qu'il se vautre dans la fange, mais pour y chercher un peu de fraîcheur, ou se débarasser des insectes qui le tourmentent ; il choisit toujours pour se coucher la partie la plus sèche de sa loge et évite la litière mouillée; voilà pourquoi on a toujours soin d'établir dans une partie de sa loge une planche élevée au-dessus du pavé. Contrairement à ce qu'on fait pour les étables à bœufs, il faut renouveler souvent la litière de la porcherie. C'est un soin qu'on néglige trop.

Il est peut-être bon de dire aussi que les eaux grasses, et en général tous les aliments que l'on donne aux cochons, sont mieux digérés et s'assimilent mieux s'ils sont aigris et fermentés. Il est facile d'obtenir ce résultat en préparant la nourriture des porcs quatre jours à l'avance. Il suffit d'avoir quatre baquets, Celui qu'on remplit le premier aura fermenté et sera distribué le quatrième jour, et ainsi de suite.

L'élevage des porcs coûterait trop cher et réussirait moins bien si on les tenait toujours dans leur loge ou dans des clos trop restreints. Ils aiment à paître, et il il y a une grande économie à les conduire dans des pâturages ; mais il n'est pas aisé de les y garder lorsqu'ils ne sont pas bien clos.

Si l'on veut donner de l'extension à la porcherie, il faut organiser son assolement de manière à donner plus d'extension au trêfle, à la culture des pommes de terre ou du topinambour, des plantes racines, et trouver ainsi dans son exploitation tout ce qui est nécessaire à l'alimentation des porcs, c'est le meilleur moyen de faire consommer ses produits sur place et d'en obtenir un bon revenu.

M. le marquis de Pierre a créé, de toutes pièces, sur de vastes terrains improductifs qu'il a fait défricher avec soin, quinze fermes de vingt à trente hectares, où quinze familles de colons sont arrivées pauvres et vivent aujourd'hui dans l'aisance, et c'est de la porcherie (1) qu'elles tirent leur principal pro-

(1) *Rapport sur l'exploitation de la Gagère*, par M. le marquis de Pierre. 1865.

duit; mais deux soles de sa rotation quatriennale sont presque exclusivement consacrées à la nourriture de huit à dix truies portières ou d'une centaine de porcelets qu'elles produisent par an, et dans chacune des quinze fermes. L'heureux créateur de ces domaines a ajouté à cette prodigieuse production, et avec un égal succès, celle des veaux. C'est sur ces deux pivots que roule la fructueuse exploitation des fermes de la Grangère.

Fort de l'expérience de nos maîtres, je puis donc répéter, avec plus d'assurance, que les animaux les plus utiles et les plus productifs de nos exploitations rurales sont la vache et le porc. Pour les petits cultivateurs je pourrais y ajouter la chèvre, qui est aussi d'un très-bon rapport, surtout depuis que la peau des chevreaux a atteint un prix élevé, mais la chèvre fait tant de mal aux arbres et aux haies que je ne peux pas la recommander.

LES ÉTABLES.

Les étables dans lesquelles nous renfermons notre bétail laissent beaucoup à désirer, elles ne sont en général ni assez spacieuses ni assez aérées.

Les hommes les plus compétents demandent 36 mètres cubes d'air respirable par tête de gros bétail, et il s'en faut de beaucoup que nos animaux soient aussi bien partagés.

Une étable pour vingt bêtes à cornes a au plus 10 mètres de longueur, sept mètres de largeur et deux mètres cinquante de hauteur, ce qui ne donne pour chaque bête que huit mètres cinquante centimètres cubes d'air à respirer; ce n'est pas même le quart de ce qu'exigent les règles de l'hygiène.

Cet air est vicié par la respiration et la transpiration des animaux, par les émanations des litières; et comme le gaz acide carbonique est plus lourd que l'air, il reste dans la couche inférieure que l'animal respire lorsqu'il est couché, c'est la position qu'il occupe toujours la nuit et souvent dans la journée. Il ne faut pas chercher ailleurs les causes des affections morbides qui attaquent nos bêtes à cornes, et il faut s'étonner seulement que leurs maladies ne soient pas plus fréquentes.

Dans la belle saison on laisse portes et fenêtres ouvertes. L'air se renouvelle et l'exiguité du local a moins d'inconvénients; mais dès que le froid arrive, on ferme toutes les ouvertures. Quelquefois même on les calfeutre en garnissant de paille ou de fumier toutes les fissures des portes mal jointes par où l'air pourrait pénétrer; il en résulte une forte chaleur qui donne du malaise aux animaux, excite une transpiration excessive, qui les affaiblit et vicie encore plus l'air ambiant. Lorsque les bêtes à cornes sortent pour aller à l'abreuvoir ou ailleurs elles sont saisies par le froid, et ce passage subit d'une atmosphère trop chaude à une température glaciale, détermine souvent des lésions organiques fort graves.

C'est à tort que nos paysans pensent que leurs animaux ont besoin de chaleur; ils en ont assez en eux-mêmes par la combustion des aliments. Ils demandent de préférence de la fraîcheur; et ceux qui vivent en plein air, de nuit et de jour, même par des températures un peu froides, sont ceux qui se portent le mieux.

Pour remédier à la corruption de l'air des étables, il est bon d'établir aux deux extrémités, et dans le plancher supérieur, des cheminées d'appel, formées par quatre planches laissant entre elles un vide de quinze ou vingt centimètres carrés, qui porterait jusqu'au dessus du toit le mauvais air et la buée. Le tirage qui s'établit entre l'air chaud de l'intérieur et le froid du dehors assainit l'étable sans exposer le bétail à des courants d'air.

Un autre préjugé, c'est que la malpropreté de la peau du bétail, sur certaines parties du corps, ne lui nuit pas, et l'on voit souvent une épaisse couche de bouze durcie sur le haut des cuisses des bêtes à cornes, sans que l'on cherche à l'enlever. C'est contraire à toutes les règles de l'hygiène du bétail. Il faut, au contraire, le tenir aussi propre que possible; et c'est plus nécessaire encore pour les vaches laitières dont les mamelles sont souvent salies par le contact de la litière, ce qui altère le lait et lui donne un bien mauvais goût.

Il faut aussi tenir propres les rateliers et les crèches, et les débarrasser souvent de la poussière ou des corps étrangers qui se trouvent quelquefois mêlés au foin et tombent au fond des mangeoires.

Ce que nous disons des bouveries s'applique aussi aux bergeries. Les bêtes à laine, chargées d'une épaisse toison, sont encore plus incommodées de la chaleur et du mauvais air que les bêtes à cornes. Elles se trouvent mieux sous des hangars que dans des étables bien closes.

Donnons donc à nos animaux des bâtiments plus spacieux, mieux aérés et plus propres. Sous ce triple rapport, l'Auvergne laisse trop à désirer.

INSTRUMENTS ARATOIRES.

Je ne puis pas terminer ces Conférences sans parler des instruments de culture, car c'est sur ce point important que notre agriculture est le plus en arrière. Nous en sommes encore à la charrue primitive, et nos terres ne connaissent pas d'autre engin.

Dans nos meilleures fermes il y a encore bien peu de charrues perfectionnées ; on y emploie rarement la herse et le rouleau, et tous les autres auxiliaires de culture sont complètement inconnus.

Il ne faut pas entièrement rejeter l'ancien araire. Quelque imparfait et insuffisant que soit le travail qu'on en obtient, il peut encore suffire pour certaines façons secondaires ; mais il n'y a pas de bons labours sans charrues à versoir. On en construit aujourd'hui partout et de différents modèles ; ce ne sont guère que des modifications plus ou moins heureuses de la charrue Dombasle, qui n'est elle-même qu'un perfectionnement de la charrue du Brabant. Cette charrue, bien assise, peut être facilement conduite et être réglée pour des labours plus ou moins profonds ; elle retourne la terre et la renverse comme pourrait le faire la bèche ou *palobiaisso*. Il y en a de différentes forces, qui demandent plus ou moins de tirage. Les petites conviennent très-bien à notre sol léger et à nos attelages ; mais dans les terrains qui ont une déclivité trop prononcée, elles ne versent pas la tranche de terre du sillon du côté supérieur de la pente. Il faut, dans ce cas, ramener la charrue à vide, ce qui cause un embarras et une perte de temps.

Dans ces terrains, il faudrait des charrues à double soc mobile; mais elles sont plus lourdes et demandent plus de force de traction.

La Société centrale d'agriculture a chargé une commission d'étudier et de lui proposer la charrue qui conviendrait le mieux à notre culture, et il faut attendre du zèle et des lumières de cette commission et de la Société d'agriculture, que nous posséderons bientôt de meilleures charrues.

A moins d'employer la charrue Vaufreland, qui exige huit à dix chevaux, nos charrues, même les plus fortes, ne peuvent faire des labours profonds ; il faut pour cela recourir à des charrues sous-sol ou fouilleuses, qui n'ont qu'un soc sans versoir, et qui, marchant à la suite et dans le fond du sillon que vient de tracer la charrue ordinaire, fouillent le sol plus profondément, sans ramener à la surface la couche de terre qu'elles ont ameublie. On peut, au moyen de la charrue sous sol, donner à la couche arable dix à douze centimètres d'épaisseur de plus.

La herse est l'auxiliaire de la charrue et devrait presque toujours la suivre ; elle brise et ameublit la terre et vaut un demi-labour. Cet instrument, qui est d'une construction si simple et si peu coûteuse, devrait se trouver dans toutes les fermes ; cependant, il y en a beaucoup qui en sont dépourvues.

On peut en dire autant du rouleau, qui est bien peu employé, et qui est fort utile dans celles de nos terres qui ont peu de consistance, et qu'il tasse ou raffermit pour qu'elles soient moins soulevées par la gelée, si on l'emploie après les semailles d'automne Après l'hiver, le rouleau rechausse et donne plus d'assiette aux plantes que la pluie a déchaussées, ou que la gelée a soulevées.

Les extirpateurs, scarificateurs ou déchaumeurs sont inconnus dans notre canton, et cependant ils seraient d'une incontestable utilité pour renverser les chaumes, détuire les plantes adventices et écroûter la terre lorsqu'elle est trop plombée, tous travaux que nous ne pouvons faire, avec plus de temps et de peine, qu'avec notre araire, ou que nous négligeons trop souvent.

Si, comme c'est à souhaiter, nos agriculteurs donnaient plus d'extension aux plantes sarclées, et les cultivaient mieux et avec moins de travail, ils les semeraient ou les planteraient en lignes, et alors ils auraient besoin du rayonneur, pour que le plant soit bien espacé et en rangs bien réguliers, et de la houe ou butoir, qui ferait en quelques heures le travail de dix journées d'hommes ou de femmes.

J'ai déjà parlé des hache-paille : le laveur, le coupe-racines, le concasseur ne deviendront nécessaires que lorque le progrès de notre agriculture fera entrer plus largement les racines et les tubercules dans l'alimen-

6

tation du bétail. Pour montrer le parti qu'on peut en tirer, surtout dans des années comme celle-ci où, par suite de la sécheresse de l'été, le fourrage manque ou est d'un prix excessif, je reproduirai, à la suite de cet écrit, une note que j'ai donnée dans le temps à la *Revue agricole de l'Aveyron, du Cantal et de la Lozère,* qui l'a publiée dans le n° du 10 février 1869. Comme nous nous trouvons aujourd'hui dans les mêmes conditions qu'en 1868-1869, cette note pourra présenter quelque intérêt d'actualité.

Un bon semoir économiserait un peu de travail et beaucoup de semences ; mais, malgré les réclames, il est douteux qu'il y ait encore des machines assez simples et assez sûres pour les introduire dans nos petites exploitations, où nous sommes si loin des mécaniciens dont nous pourrions avoir besoin. D'ailleurs, nos fermiers et nos maîtres-bouviers sont habitués à semer leurs grains avec une telle régularité, qu'on sent peu le besoin des semeurs mécaniques.

Les faucheuses, les faneuses, les moissonneuses se prêteraient difficilement aux inégalités de nos terrains et aux canaux ou rigoles qui sillonnent nos prés. Quant aux batteuses, elles ne peuvent convenir à nos modestes fermes, que si elles étaient achetées ou louées par association.

Les véhicules de nos exploitations sont encore bien primitifs ; il serait bon de leur donner plus d'assiette et de capacité en adoptant les chars et charrettes à quatre roues, avec ridelles et échelles à foin. Le tirage serait un peu plus fort que dans le char à deux roues, à cause d'un frottement double ; mais les attelages fatigueraient beaucoup moins, n'ayant plus à subir, sur le joug, la surcharge qui résulte du défaut d'équilibre du chargement rompu dans les descentes et les montées presque continuelles des chemins rarement en plaine.

Mais l'imperfection de ces chemins, leur mauvais état, leur peu de largeur, surtout dans les tournants, rendent difficile l'usage des voitures à quatre roues, et semblent justifier l'imperfection de nos chars.

Et, à ce propos, on peut demander à nos propriétaires ruraux de se prêter de meilleure grace à l'amélioration de nos voies vicinales. Les rectifications et les élargissements nécessaires sont trop souvent arrêtés par l'opposition des propriétaires; et cependant ce sont eux qui profitent le plus d'une bonne viabilité; ils n'en comprennent pas assez l'importance, et ne font rien pour entretenir ou améliorer même les chemins ruraux qui ne servent qu'à eux. Ces chemins sont souvent difficiles ou impraticables; nos paysans exposent journellement leurs attelages à de graves accidents, ou tout au moins à de grandes fatigues; ils détériorent leurs chars et leurs charrettes, lorsqu'il serait si facile, soit par eux-mêmes, soit en se concertant avec des voisins, de réparer les mauvais pas, de détourner les eaux qui dégradent les chemins, de combler les ornières, en apportant quelques pierres dans les fondrières.

Il y aurait encore beaucoup à dire sur la culture arriérée de ce canton; mais je dois m'arrêter ici. Nos bons paysans trouveront que, pour le moment, c'est assez, peut-être même que je leur demande trop. Cependant, si cet écrit, qui ne s'adresse qu'à eux, tombait sous les yeux d'agriculteurs éclairés, aujourd'hui si nombreux, qui connaissent ou pratiquent des cultures plus avancées, ils jugeraient que mes observations sont timides et banales, et que je suis moi-même fort en retard. Ils auraient raison s'ils ne connaissaient pas le point de départ. Mais je les prierais de considérer qu'il faut prendre le pas des personnes avec qui l'on veut faire route, et n'aller ni trop vîte ni trop loin si l'on veut être suivi. Quelque modestes que soient les améliorations que j'indique, e m'estimerai heureux de les obtenir, et ce sera un progrès qui, plus tard, en amènera de plus marqués.

EMPLOI DE LA NOURRITURE FERMENTÉE

DANS UNE VACHERIE DU CANTAL.

A Monsieur le Directeur de la REVUE AGRICOLE.

B....., le 10 janvier 1869.

Dans une partie du Centre et du Midi de la France la récolte du foin a été insuffisante cette année ; celle du regain a complètement manqué, et les fourrages ont atteint des prix fort élevés. En même temps et probablement à cause de cela, il s'est produit une baisse persistante sur le prix du bétail, et bon nombre de propriétaires ont conservé leurs animaux de rente, plutôt que de les vendre à vil prix.

Il y a donc à la fois surabondance de bétail et insuffisance de fourrages pour le nourrir durant l'hiver.

Je me suis trouvé dans ce double embarras, que beaucoup de propriétaires ou de fermiers de notre contrée éprouvent comme moi. J'ai dû chercher le moyen de remédier à l'insuffisance de ma provision de fourrages secs ; et ce que je fais dans ce but, aura peut-être quelque intérêt pour ceux de vos lecteurs qui se trouvent dans la même position que moi. C'est dans cet espoir que je vous adresse le résultat de mes observations, qui n'ont rien de neuf, mais qui sont pratiques et s'appliquent à notre contrée; vous jugerez, Monsieur, si le principal mérite qu'elles ont, celui de l'actualité, peut leur faire trouver place dans votre journal.

Par la double raison que j'ai exposée du manque de fourrages et d'excès de bétail, je ne puis donner cette année aux bêtes à cornes que j'ai à nourrir que la moitié du foin que réclamerait leur ration de simple entretien. Il faut donc remplacer la moitié du foin qui leur manque par d'autres aliments.

A peu près tout ce que produisent nos fermes peut servir à la nourriture du bétail; et, au lieu d'aller chercher au loin des fourrages d'un prix élevé et d'un transport difficile et coûteux, dans des années comme celle-ci, les cultivateurs font un bon calcul en utilisant ce qu'ils ont sous la main, au lieu de le porter au marché.

Partout on a récolté plus ou moins de pommes de terre ou de topinambours ; dans les cantons qui en produisent, les châtaignes ont été très-abondantes, et les grains de toute espèce sont à des prix modérés.

C'est à tirer le meilleur parti possible de ce qu'il a que le cultivateur doit viser pour obtenir, par la combinaison de ces éléments essentiels, une alimentation bonne, saine et au meilleur marché possible.

Je crois, avec nos maîtres en agriculture et d'après les principes admis par la zootechnie, que la nourriture fermentée a plus de valeur nutritive pour les animaux comme pour les hommes, et s'assimile mieux que les aliments non fermentés.

Je fais donc fermenter la nourriture que je donne aux bêtes à cornes, et voici comment je la compose et comment je procède.

Ayant cette année une assez grande quantité de topinambours, une bonne récolte de blé noir et beaucoup de châtaignes, ce sont les éléments principaux de l'alimentation de mon bétail.

Les topinambours ou les pommes de terre, préalablement lavés, passent au coupe-racine, d'où ils sortent divisés en tranches de 1 à 2 centimètres d'épaisseur, et sont mis dans une cuve avec de la paille hachée ou du mauvais foin également haché, des châtaignes sèches, sans les peler ; ce mélange est brassé, saupoudré avec de la farine de blé noir, et arrosé, à différentes reprises, avec de l'eau chaude, dans laquelle on a fait dissoudre un peu de sel.

Ce mélange ne tarde pas à s'échauffer et à entrer en fermentation ; il faut à peu près 72 heures pour obtenir la fermentation alcoolique, à laquelle il faut s'arrêter. Un ou deux jours de plus pousseraient à la fermentation acide, et les matières qui la subiraient ne seraient plus propres à l'alimentation.

Il faut donc avoir quatre cuves et en préparer une chaque jour, pour mettre en distribution, le quatrième jour, celle qui est la plus ancienne, et qui est remplie de nouveau aussitôt vidée,

Cette rotation établie, les choses marchent régulièrement ; mais il faut tenir la main à ce qu'il n'y ait ni retard ni négligence.

Ce n'est pas sans peine qu'on peut faire adopter ce mode d'alimentation par les animaux et par les valets de ferme ; et je dois dire que c'est, de la part de ces derniers, que viennent les difficultés les plus grandes et les plus persistantes.

Les bêtes à cornes à qui l'on sert cette espèce de pouding, montrent d'abord de l'étonnement ; elles le flairent, le tournent et le retournent avec leur museau, y fouillent pour chercher ce qui leur convient et dédaignent le reste. Le vacher rit sous cape, et il est essentiel de recommander de ne pas donner du foin jusqu'à ce que la soupe soit mangée, même lorsqu'il faut attendre longtemps. Plus les appâtureurs tiennent à leurs bêtes et plus ils s'apitoyent sur leur sort ; ils supplient qu'on leur donne une autre nourriture, et, si on ne les surveille constamment, ils ne manqueront pas de leur en apporter à la dérobée. Mais il faut tenir bon et avoir l'œil ouvert ; un peu plus tôt, un peu plus tard, les animaux ne voyant pas venir autre chose, reviennent à ce qu'ils ont dans la crèche et finissent toujours par le manger ; peu à peu ils s'y habituent si bien, qu'ils l'attendent avec impatience et le mangent avec avidité ; ce que voyant, les vachers finissent par convenir que cette nourriture *n'est pas aussi mauvaise qu'ils l'avaient cru.* Néanmoins, il est prudent de se tenir en garde contre le relâchement qu'ils sont assez disposés à y porter, à cause du surcroît de travail que cette préparation leur donne.

En effet, on ne peut pas disconvenir que ce travail est long, pénible et par conséquent coûteux. Laver les tubercules, les couper, hacher la paille et le foin, brasser et arroser le mélange, peser ou mesurer tous ces ingrédients, est plus long et plus compliqué que botteler du foin, et ne dispense pas de ce dernier travail.

Il est bon de donner aussi, matin et soir, une botte de deux kilogrammes et demi à trois kilogrammes de foin par tête de bétail ; la soupe paraît convenablement placée entre ces deux distributions de foin, et après que les animaux ont été le matin à l'abreuvoir.

En alternant ainsi les matières fermentées, qui sont à l'état de pulpe et ont à peu près le mérite du fourrage vert avec les fourrages secs, on apporte à l'alimentation du bétail une variété qui convient mieux et paraît leur plaire. Il y a deux mois que j'ai mis à ce régime soixante bêtes à cornes, qui se maintiennent dans un très-bon état, et les vaches laitières de montagnes, que l'on cesse ordinairement de traire en novembre, lorsqu'on les met au foin, donnent encore du lait aujourd'hui 10 janvier.

Par ce moyen, on peut utiliser quelques-uns des produits de la ferme, qu'il y aurait avantage à obtenir en plus grande quantité; on peut faire accepter le foin de mauvaise qualité, et tirer meilleur parti de la paille; et enfin, par une judicieuse combinaison des ressources dont on dispose, on peut arriver à réaliser une économie, peu importante, sans doute, si l'on calcule ce que coûte de plus la main-d'œuvre, mais dont il faut cependant tenir compte; dans les années où le foin est rare il atteint des prix trop élevés.

Ainsi ce mode d'alimentation peut encore être bon alors même qu'il n'est pas un expédient.

J'hésite à donner une formule pour la composition des rations fermentées, parce qu'on n'a pas partout les mêmes ingrédients ou la même facilité de s'en procurer. Mais chaque cultivateur peut, à l'aide des tableaux des équivalents, composer, suivant les ressources alimentaires dont il dispose, une nourriture qui soit plus ou moins riche, plus ou moins économique, suivant sa position et ses besoins.

Quoi qu'il en soit, voici (après quelques tâtonnements et quelques écoles) la composition à laquelle je me suis arrêté. J'indique, dans le tableau suivant, les matières que je fais entrer dans chaque cuve de fermentation pour la nourriture de soixante bêtes à

7

cornes, la quantité de chaque chose, la valeur nutritive que je lui attribue, en prenant, comme c'est l'usage, le foin pour terme de comparaison; et enfin, la valeur de chacun des ingrédients, au prix qu'ils ont dans cette contrée :

MATIÈRES EMPLOYÉES.	POIDS.	PRIX.	VALEUR NUTRITIVE.
		fr. c.	
Tubercules..........	250k	7 50	En bon foin 125k
Grains ou farine.....	25	4 »	75
Châtaignes sèches.. .	36	3 40	108
Paille...............	25	1 »	12
Sel ou eau salée.....	20	» 30	Valeur du sel 2
Totaux........	356k	16 20	322k

Par tête, pour 60 bêtes, 5k 93, environ 6k, 27 cent., soit 5k 366 en bon foin.

Cette année, le foin vaut au moins 8 fr. les cent kilos. A ce prix, les 5k 36 que la nourriture fermentée remplace avec avantage, vaudraient au moins 43 centimes; il y a donc une économie de 16 centimes par tête de bétail et par jour à donner la nourriture fermentée telle qu'elle est composée dans le tableau ci-dessus.

Quelques explications seraient peut-être nécessaires pour justifier l'emploi ou les évaluations des denrées employées; mais cette note est déjà trop longue, et je n'ajoute rien, espérant que les agriculteurs auxquels elle s'adresse suppléeront aux détails qui peuvent laisser à désirer.

Un Cultivateur du Cantal.

TABLE DES MATIÈRES.

www.ingramcontent.com/pod-product-compliance
Ingram Content Group UK Ltd.
Pitfield, Milton Keynes, MK11 3LW, UK
UKHW021112260726
13994UKWH00002B/856